초등 수학의 개념을 연산으로

신기한
연산왕

F-1 초6 수준

수학 학력 평가의 새로운 기준!

KMA
한국수학학력평가

평가 일시 : 매년 상반기 6월, 하반기 11월 실시

KMA 대비서

참가 대상   초등 1학년 ~ 중등 3학년

(상급학년 응시가능)

신청 방법   1) KMA 홈페이지에서 온라인 접수

2) 해당지역 KMA 학원 접수처

3) 기타 문의 ☎ 070-4861-4832

홈페이지   www.kma-e.com

※ 상세한 내용은 홈페이지에서 확인해 주세요.

주 최 | 한국수학학력평가 연구원   주 관 | ㈜에듀왕

초등 수학의 기본은 연산력!!

신기한

연산왕

F-1 초6 수준

구성과 특징

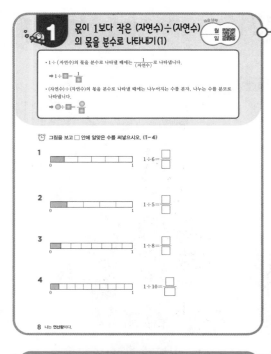

연산의 원리를 쉽게 이해하고 빠르고 정확한 계산 능력을 얻을 수 있도록 구성하였습니다.

신기한 연산

연산 능력과 창의사고력 향상이 동시에 이루 어질 수 있는 문제로 구성하여 계산 능력과 창의사고력이 저절로 향상될 수 있도록 구성 하였습니다.

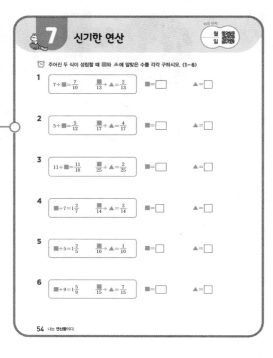

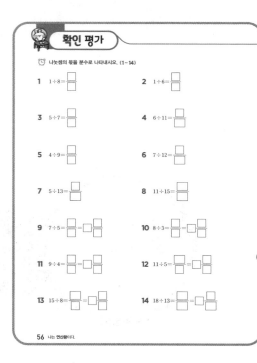

확인평가

단원을 마무리하면서 익힌 내용을 평가하여 자신의 실력을 알아볼 수 있도록 구성하였습 니다.

크라운 온라인 단원 평가는?

크라운 온라인 평가는?

단원별 학습한 내용을 올바르게 학습하였는지 실시간 점검할 수 있는 온라인 평가 입니다.

- 온라인 평가는 매단원별 25문제로 출제 되었습니다
- 평가 시간은 30분이며 시험 시간이 지나면 문제를 풀 수 없습니다
- 온라인 평가를 통해 100점을 받으시면 크라운 1개를 획득할 수 있습니다.

온라인 평가 방법

에듀왕닷컴 접속 www.eduwang.com	▶▶	메인 상단 메뉴에서 단원평가 클릭	▶▶	단계 및 단원 선택
신규 회원 가입 또는 로그인		닷컴 메인 메뉴에서 단원 평가 클릭		평가하고자 하는 단계와 단원을 선택

크라운 확인	◀◀	온라인 단원 평가 종료	◀◀	온라인 단원 평가 실시
마이페이지에서 크라운 확인 후 크라운 사용		종료 후 실시간 평가 결과 확인		30분 동안 평가 실시

유의사항

- 평가 시작 전 종이와 연필을 준비하시고 인터넷 및 와이파이 신호를 꼭 확인하시기 바랍니다
- 단원평가는 최초 1회에 한하여 크라운이 반영됩니다. (중복 평가 시 크라운 미 반영)
- 각 단원 평가를 통해 100점을 받으시면 크라운 1개를 드리며, 획득하신 크라운으로 에듀왕닷컴에서 판매하고 있는 교재 및 서비스를 무료로 구매 하실 수 있습니다 (크라운 1개 – 1,000원)

연산왕 단계별 학습 내용

A-1 (초1수준)
1. 9까지의 수
2. 9까지의 수를 모으고 가르기
3. 덧셈과 뺄셈

A-2 (초1수준)
1. 19까지의 수
2. 50까지의 수
3. 50까지의 수의 덧셈과 뺄셈

A-3 (초1수준)
1. 100까지의 수
2. 덧셈
3. 뺄셈

A-4 (초1수준)
1. 두 자리 수의 혼합 계산
2. 두 수의 덧셈과 뺄셈
3. 세 수의 덧셈과 뺄셈

B-1 (초2수준)
1. 세 자리 수
2. 받아올림이 한 번 있는 덧셈
3. 받아올림이 두 번 있는 덧셈

B-2 (초2수준)
1. 받아내림이 한 번 있는 뺄셈
2. 받아내림이 두 번 있는 뺄셈
3. 덧셈과 뺄셈의 관계

B-3 (초2수준)
1. 네 자리 수
2. 세 자리 수와 두 자리 수의 덧셈과 뺄셈
3. 세 수의 계산

B-4 (초2수준)
1. 곱셈구구
2. 길이의 계산
3. 시각과 시간

차례

1

분수의 나눗셈

몫이 1보다 작은 (자연수)÷(자연수)의 몫을 분수로 나타내기 (1)

학습 날짜

월

일

- $1 \div$ (자연수)의 몫을 분수로 나타낼 때에는 $\dfrac{1}{(\text{자연수})}$ 로 나타냅니다.

➡ $1 \div \blacksquare = \dfrac{1}{\blacksquare}$

- (자연수)÷(자연수)의 몫을 분수로 나타낼 때에는 나누어지는 수를 분자, 나누는 수를 분모로 나타냅니다.

➡ $\bullet \div \blacksquare = \dfrac{\bullet}{\blacksquare}$

⏰ 그림을 보고 □ 안에 알맞은 수를 써넣으시오. (1~4)

1

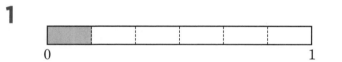

$1 \div 6 = \dfrac{\square}{\square}$

2

$1 \div 5 = \dfrac{\square}{\square}$

3

$1 \div 8 = \dfrac{\square}{\square}$

4

$1 \div 10 = \dfrac{\square}{\square}$

⏰ 그림을 보고 □ 안에 알맞은 수를 써넣으시오. (5~9)

5 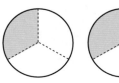 　　　$2 \div 3 = \dfrac{\square}{\square}$

6   　　　$3 \div 4 = \dfrac{\square}{\square}$

7   　　　$3 \div 5 = \dfrac{\square}{\square}$

8 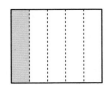 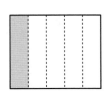 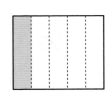 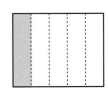　　　$4 \div 5 = \dfrac{\square}{\square}$

9   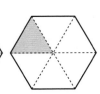　　　$5 \div 6 = \dfrac{\square}{\square}$

학습 날짜
월   일

⏰ ☐ 안에 알맞은 수를 써넣으시오. (1~14)

1 $1 \div 8 = \dfrac{\square}{\square}$

2 $1 \div 4 = \dfrac{\square}{\square}$

3 $1 \div 7 = \dfrac{\square}{\square}$

4 $1 \div 9 = \dfrac{\square}{\square}$

5 $1 \div 6 = \dfrac{\square}{\square}$

6 $1 \div 3 = \dfrac{\square}{\square}$

7 $1 \div 11 = \dfrac{\square}{\square}$

8 $1 \div 15 = \dfrac{\square}{\square}$

9 $1 \div 13 = \dfrac{\square}{\square}$

10 $1 \div 16 = \dfrac{\square}{\square}$

11 $1 \div 18 = \dfrac{\square}{\square}$

12 $1 \div 12 = \dfrac{\square}{\square}$

13 $1 \div 25 = \dfrac{\square}{\square}$

14 $1 \div 27 = \dfrac{\square}{\square}$

⏰ □ 안에 알맞은 수를 써넣으시오. (15 ~ 28)

15 $4 \div 7 = \dfrac{\square}{\square}$

16 $3 \div 8 = \dfrac{\square}{\square}$

17 $2 \div 5 = \dfrac{\square}{\square}$

18 $4 \div 9 = \dfrac{\square}{\square}$

19 $7 \div 8 = \dfrac{\square}{\square}$

20 $9 \div 10 = \dfrac{\square}{\square}$

21 $4 \div 11 = \dfrac{\square}{\square}$

22 $5 \div 13 = \dfrac{\square}{\square}$

23 $9 \div 14 = \dfrac{\square}{\square}$

24 $8 \div 15 = \dfrac{\square}{\square}$

25 $10 \div 17 = \dfrac{\square}{\square}$

26 $13 \div 18 = \dfrac{\square}{\square}$

27 $15 \div 19 = \dfrac{\square}{\square}$

28 $24 \div 29 = \dfrac{\square}{\square}$

🕐 나눗셈의 몫을 분수로 나타내시오. (1~10)

1
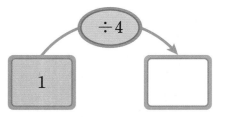

2
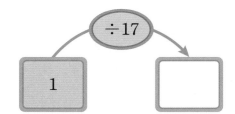

3
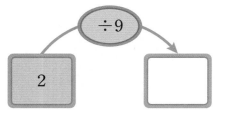

4
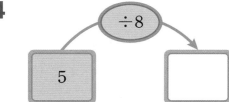

5
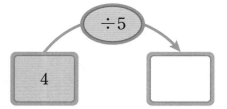

6
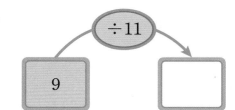

7
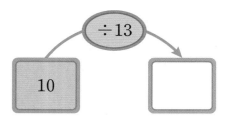

8
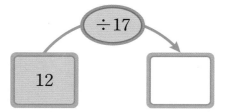

9
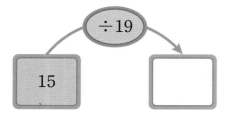

10
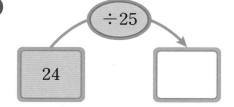

계산은 빠르고 정확하게!

걸린 시간	1~4분	4~6분	6~8분
맞은 개수	17~18개	13~16개	1~12개
평가	참 잘했어요.	잘했어요.	좀더 노력해요.

⏰ 나눗셈의 몫을 분수로 나타내시오. (11 ~ 18)

11
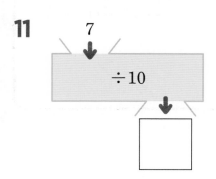

12
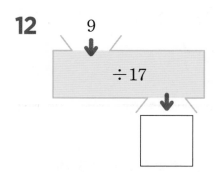

13
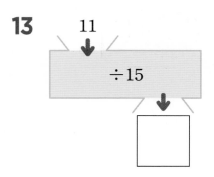

14
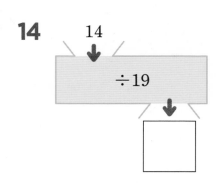

15
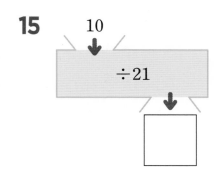

16
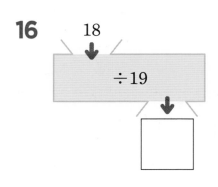

17
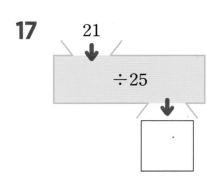

18
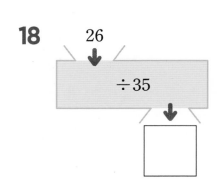

2 몫이 1보다 큰 (자연수)÷(자연수)의 몫을 분수로 나타내기(1)

학습 날짜
월
일

(자연수)÷(자연수)의 몫은 나누어지는 수를 분자, 나누는 수를 분모로 하여 분수로 나타냅니다.

(예) $9 \div 7 = \dfrac{9}{7} = 1\dfrac{2}{7}$

⏰ 그림을 보고 □ 안에 알맞은 수를 써넣으시오. (1~3)

1

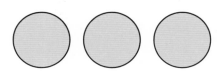

$3 \div 2 = \square \dfrac{\square}{\square}$

2

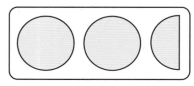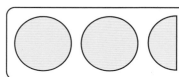

$5 \div 2 = \square \dfrac{\square}{\square}$

3

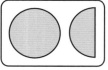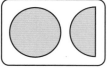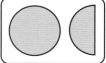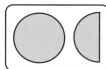

$6 \div 4 = \square \dfrac{\square}{\square}$

계산은 빠르고 정확하게!

그림을 보고 ☐ 안에 알맞은 수를 써넣으시오. (4~8)

4

$3 \div 2 = \dfrac{\square}{\square}$

5

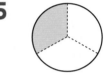

$4 \div 3 = \dfrac{\square}{\square}$

6

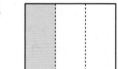

$5 \div 3 = \dfrac{\square}{\square}$

7

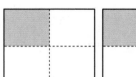 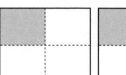 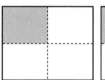

$5 \div 4 = \dfrac{\square}{\square}$

8

$6 \div 5 = \dfrac{\square}{\square}$

2 몫이 1보다 큰 (자연수)÷(자연수)의 몫을 분수로 나타내기(2)

학습 날짜

월   일

⏰ □ 안에 알맞은 수를 써넣으시오. (1~5)

1 $5 \div 3 = \square \cdots \square$ 이므로 먼저 1씩 나누고 나머지 $\square$ 를 3으로 나누면 $\dfrac{\square}{\square}$ 입니다.

따라서 $5 \div 3 = \dfrac{\square}{\square} = \square\dfrac{\square}{\square}$ 입니다.

2 $7 \div 5 = \square \cdots \square$ 이므로 먼저 1씩 나누고 나머지 $\square$ 를 5로 나누면 $\dfrac{\square}{\square}$ 입니다.

따라서 $7 \div 5 = \dfrac{\square}{\square} = \square\dfrac{\square}{\square}$ 입니다.

3 $9 \div 4 = \square \cdots \square$ 이므로 먼저 2씩 나누고 나머지 $\square$ 을 4로 나누면 $\dfrac{\square}{\square}$ 입니다.

따라서 $9 \div 4 = \dfrac{\square}{\square} = \square\dfrac{\square}{\square}$ 입니다.

4 $10 \div 3 = \square \cdots \square$ 이므로 먼저 3씩 나누고 나머지 $\square$ 을 3으로 나누면 $\dfrac{\square}{\square}$ 입니다.

따라서 $10 \div 3 = \dfrac{\square}{\square} = \square\dfrac{\square}{\square}$ 입니다.

5 $12 \div 5 = \square \cdots \square$ 이므로 먼저 2씩 나누고 나머지 $\square$ 를 5로 나누면 $\dfrac{\square}{\square}$ 입니다.

따라서 $12 \div 5 = \dfrac{\square}{\square} = \square\dfrac{\square}{\square}$ 입니다.

걸린 시간	1~5분	5~7분	7~10분
맞은 개수	19~21개	15~18개	1~14개
평가	참 잘했어요.	잘했어요.	좀더 노력해요.

나눗셈의 몫을 대분수로 나타내시오. (6 ~ 21)

6 $4 \div 3$

7 $8 \div 5$

8 $9 \div 2$

9 $10 \div 7$

10 $13 \div 5$

11 $16 \div 7$

12 $15 \div 4$

13 $18 \div 5$

14 $16 \div 9$

15 $19 \div 8$

16 $20 \div 11$

17 $25 \div 13$

18 $26 \div 15$

19 $29 \div 10$

20 $37 \div 12$

21 $39 \div 14$

2 몫이 1보다 큰 (자연수)÷(자연수)의 몫을 분수로 나타내기 (3)

⏰ □ 안에 알맞은 수를 써넣으시오. (1~5)

1 $1÷6=\dfrac{□}{□}$ 이므로 $7÷6$은 $\dfrac{□}{□}$ 이 □개입니다.

따라서 $7÷6=\dfrac{□}{□}=□\dfrac{□}{□}$ 입니다.

2 $1÷5=\dfrac{□}{□}$ 이므로 $9÷5$는 $\dfrac{□}{□}$ 이 □개입니다.

따라서 $9÷5=\dfrac{□}{□}=□\dfrac{□}{□}$ 입니다.

3 $1÷4=\dfrac{□}{□}$ 이므로 $11÷4$는 $\dfrac{□}{□}$ 이 □개입니다.

따라서 $11÷4=\dfrac{□}{□}=□\dfrac{□}{□}$ 입니다.

4 $1÷3=\dfrac{□}{□}$ 이므로 $13÷3$은 $\dfrac{□}{□}$ 이 □개입니다.

따라서 $13÷3=\dfrac{□}{□}=□\dfrac{□}{□}$ 입니다.

5 $1÷9=\dfrac{□}{□}$ 이므로 $14÷9$는 $\dfrac{□}{□}$ 이 □개입니다.

따라서 $14÷9=\dfrac{□}{□}=□\dfrac{□}{□}$ 입니다.

걸린 시간	1~5분	5~7분	7~10분
맞은 개수	19~21개	15~18개	1~14개
평가	참 잘했어요.	잘했어요.	좀더 노력해요.

나눗셈의 몫을 가분수로 나타내시오. (6 ~ 21)

6 $8 \div 5$

7 $9 \div 4$

8 $7 \div 3$

9 $10 \div 3$

10 $14 \div 5$

11 $23 \div 4$

12 $19 \div 8$

13 $17 \div 6$

14 $23 \div 7$

15 $19 \div 2$

16 $18 \div 11$

17 $23 \div 15$

18 $25 \div 21$

19 $30 \div 17$

20 $28 \div 13$

21 $37 \div 15$

2 몫이 1보다 큰 (자연수)÷(자연수)의 몫을 분수로 나타내기(4)

학습 날짜
월   일

🕐 나눗셈의 몫을 가분수로 나타내시오. (1~10)

1
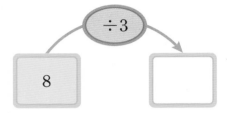
8 ÷3

2
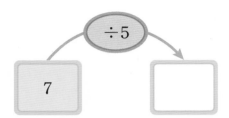
7 ÷5

3
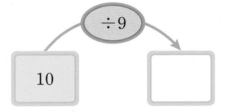
10 ÷9

4
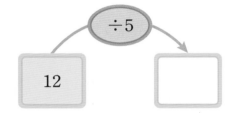
12 ÷5

5
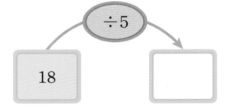
18 ÷5

6
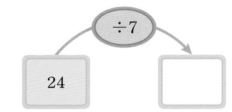
24 ÷7

7
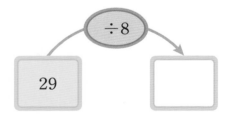
29 ÷8

8
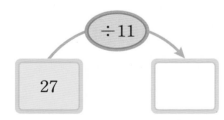
27 ÷11

9
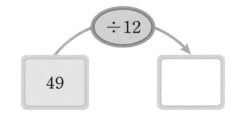
49 ÷12

10
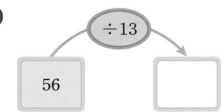
56 ÷13

나눗셈의 몫을 대분수로 나타내시오. (11 ~ 18)

11
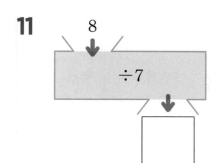

12
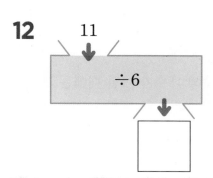

13
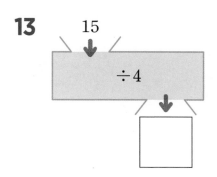

14
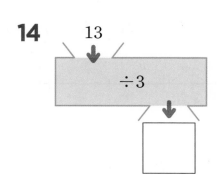

15
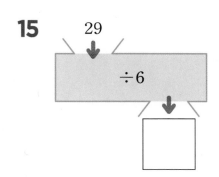

16
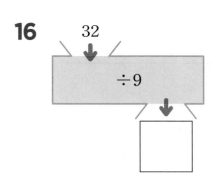

17
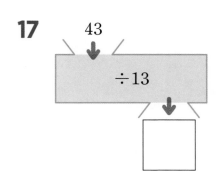

18
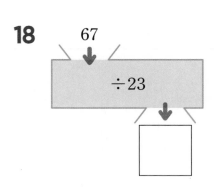

3 (진분수)÷(자연수)(1)

- 분자가 자연수의 배수일 때에는 분자를 자연수로 나눕니다.

$$\frac{4}{5} \div 2 = \frac{4 \div 2}{5} = \frac{2}{5}$$

- 분자가 자연수의 배수가 아닐 때에는 크기가 같은 분수 중에 분자가 자연수의 배수인 수로 바꾸어 계산합니다.

$$\frac{3}{5} \div 2 = \frac{3 \times 2}{5 \times 2} \div 2 = \frac{3 \times 2 \div 2}{5 \times 2} = \frac{3}{5 \times 2} = \frac{3}{10}$$

그림을 보고 □ 안에 알맞은 수를 써넣으시오. (1~3)

1

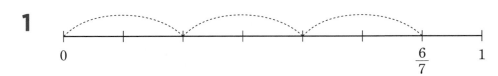

$$\frac{6}{7} \div 3 = \frac{6 \div \square}{7} = \frac{\square}{7}$$

2

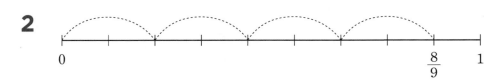

$$\frac{8}{9} \div 4 = \frac{8 \div \square}{9} = \frac{\square}{9}$$

3

$$\frac{10}{13} \div 2 = \frac{10 \div \square}{13} = \frac{\square}{13}$$

🕐 그림을 보고 □ 안에 알맞은 수를 써넣으시오. (4 ~ 6)

4

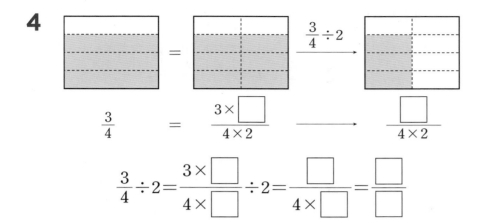

$$\frac{3}{4} \;=\; \frac{3\times\boxed{}}{4\times2} \;\longrightarrow\; \frac{\boxed{}}{4\times2}$$

$$\frac{3}{4} \div 2 = \frac{3\times\boxed{}}{4\times\boxed{}} \div 2 = \frac{\boxed{}}{4\times\boxed{}} = \frac{\boxed{}}{\boxed{}}$$

5

$$\frac{4}{5} \;=\; \frac{4\times\boxed{}}{5\times3} \;\longrightarrow\; \frac{\boxed{}}{5\times3}$$

$$\frac{4}{5} \div 3 = \frac{4\times\boxed{}}{5\times\boxed{}} \div 3 = \frac{\boxed{}}{5\times\boxed{}} = \frac{\boxed{}}{\boxed{}}$$

6

$$\frac{5}{6} \;=\; \frac{5\times\boxed{}}{6\times2} \;\longrightarrow\; \frac{\boxed{}}{6\times2}$$

$$\frac{5}{6} \div 2 = \frac{5\times\boxed{}}{6\times\boxed{}} \div 2 = \frac{\boxed{}}{6\times\boxed{}} = \frac{\boxed{}}{\boxed{}}$$

3 (진분수) ÷ (자연수) (2)

⏰ ☐ 안에 알맞은 수를 써넣으시오. (1~14)

1 $\dfrac{4}{7} \div 2 = \dfrac{\boxed{} \div \boxed{}}{7} = \dfrac{\boxed{}}{7}$

2 $\dfrac{4}{5} \div 4 = \dfrac{\boxed{} \div \boxed{}}{5} = \dfrac{\boxed{}}{5}$

3 $\dfrac{6}{11} \div 3 = \dfrac{\boxed{} \div \boxed{}}{11} = \dfrac{\boxed{}}{11}$

4 $\dfrac{9}{10} \div 3 = \dfrac{\boxed{} \div \boxed{}}{10} = \dfrac{\boxed{}}{10}$

5 $\dfrac{8}{9} \div 2 = \dfrac{\boxed{} \div \boxed{}}{9} = \dfrac{\boxed{}}{9}$

6 $\dfrac{8}{13} \div 4 = \dfrac{\boxed{} \div \boxed{}}{13} = \dfrac{\boxed{}}{13}$

7 $\dfrac{12}{13} \div 6 = \dfrac{\boxed{} \div \boxed{}}{13} = \dfrac{\boxed{}}{13}$

8 $\dfrac{15}{16} \div 5 = \dfrac{\boxed{} \div \boxed{}}{16} = \dfrac{\boxed{}}{16}$

9 $\dfrac{10}{13} \div 2 = \dfrac{\boxed{} \div \boxed{}}{13} = \dfrac{\boxed{}}{13}$

10 $\dfrac{14}{15} \div 7 = \dfrac{\boxed{} \div \boxed{}}{15} = \dfrac{\boxed{}}{15}$

11 $\dfrac{18}{19} \div 9 = \dfrac{\boxed{} \div \boxed{}}{19} = \dfrac{\boxed{}}{19}$

12 $\dfrac{9}{20} \div 3 = \dfrac{\boxed{} \div \boxed{}}{20} = \dfrac{\boxed{}}{20}$

13 $\dfrac{21}{23} \div 7 = \dfrac{\boxed{} \div \boxed{}}{23} = \dfrac{\boxed{}}{23}$

14 $\dfrac{28}{29} \div 7 = \dfrac{\boxed{} \div \boxed{}}{29} = \dfrac{\boxed{}}{29}$

걸린 시간	1~6분	6~9분	9~12분
맞은 개수	26~28개	20~25개	1~19개
평가	참 잘했어요.	잘했어요.	좀더 노력해요.

계산을 하시오. (15 ~ 28)

15 $\frac{8}{9}\div 4$

16 $\frac{5}{8}\div 5$

17 $\frac{7}{10}\div 7$

18 $\frac{8}{9}\div 4$

19 $\frac{14}{15}\div 2$

20 $\frac{12}{17}\div 4$

21 $\frac{8}{15}\div 2$

22 $\frac{15}{17}\div 5$

23 $\frac{18}{19}\div 3$

24 $\frac{11}{20}\div 11$

25 $\frac{24}{25}\div 6$

26 $\frac{35}{41}\div 7$

27 $\frac{26}{29}\div 13$

28 $\frac{30}{37}\div 15$

⏰ ☐ 안에 알맞은 수를 써넣으시오. (1~7)

1 $\dfrac{5}{6} \div 2 = \dfrac{5 \times \boxed{}}{6 \times \boxed{}} \div 2 = \dfrac{5 \times \boxed{} \div 2}{6 \times \boxed{}} = \dfrac{\boxed{}}{6 \times \boxed{}} = \dfrac{\boxed{}}{\boxed{}}$

2 $\dfrac{7}{9} \div 3 = \dfrac{7 \times \boxed{}}{9 \times \boxed{}} \div 3 = \dfrac{7 \times \boxed{} \div 3}{9 \times \boxed{}} = \dfrac{\boxed{}}{9 \times \boxed{}} = \dfrac{\boxed{}}{\boxed{}}$

3 $\dfrac{5}{8} \div 4 = \dfrac{5 \times \boxed{}}{8 \times \boxed{}} \div 4 = \dfrac{5 \times \boxed{} \div 4}{8 \times \boxed{}} = \dfrac{\boxed{}}{8 \times \boxed{}} = \dfrac{\boxed{}}{\boxed{}}$

4 $\dfrac{7}{10} \div 3 = \dfrac{7 \times \boxed{}}{10 \times \boxed{}} \div 3 = \dfrac{7 \times \boxed{} \div 3}{10 \times \boxed{}} = \dfrac{\boxed{}}{10 \times \boxed{}} = \dfrac{\boxed{}}{\boxed{}}$

5 $\dfrac{5}{12} \div 6 = \dfrac{5 \times \boxed{}}{12 \times \boxed{}} \div 6 = \dfrac{5 \times \boxed{} \div 6}{12 \times \boxed{}} = \dfrac{\boxed{}}{12 \times \boxed{}} = \dfrac{\boxed{}}{\boxed{}}$

6 $\dfrac{8}{13} \div 3 = \dfrac{8 \times \boxed{}}{13 \times \boxed{}} \div 3 = \dfrac{8 \times \boxed{} \div 3}{13 \times \boxed{}} = \dfrac{\boxed{}}{13 \times \boxed{}} = \dfrac{\boxed{}}{\boxed{}}$

7 $\dfrac{11}{15} \div 4 = \dfrac{11 \times \boxed{}}{15 \times \boxed{}} \div 4 = \dfrac{11 \times \boxed{} \div 4}{15 \times \boxed{}} = \dfrac{\boxed{}}{15 \times \boxed{}} = \dfrac{\boxed{}}{\boxed{}}$

걸린 시간	1~6분	6~9분	9~12분
맞은 개수	19~21개	15~18개	1~14개
평가	참 잘했어요.	잘했어요.	좀더 노력해요.

계산을 하시오. (8 ~ 21)

8 $\frac{7}{9}\div 5$

9 $\frac{3}{8}\div 2$

10 $\frac{9}{10}\div 5$

11 $\frac{7}{11}\div 5$

12 $\frac{4}{5}\div 3$

13 $\frac{11}{12}\div 3$

14 $\frac{7}{15}\div 6$

15 $\frac{7}{12}\div 2$

16 $\frac{9}{11}\div 4$

17 $\frac{8}{15}\div 3$

18 $\frac{14}{17}\div 3$

19 $\frac{3}{10}\div 7$

20 $\frac{5}{16}\div 3$

21 $\frac{17}{21}\div 2$

⏰ 빈 곳에 알맞은 수를 써넣으시오. (1 ~ 10)

1
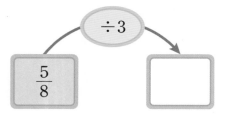

$\frac{5}{8}$ ÷3

2
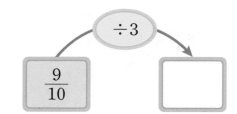

$\frac{9}{10}$ ÷3

3
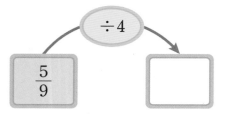

$\frac{5}{9}$ ÷4

4
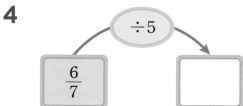

$\frac{6}{7}$ ÷5

5
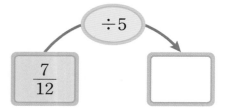

$\frac{7}{12}$ ÷5

6
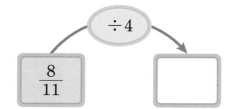

$\frac{8}{11}$ ÷4

7
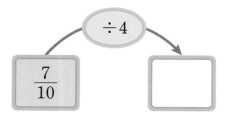

$\frac{7}{10}$ ÷4

8
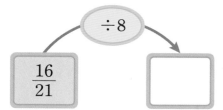

$\frac{16}{21}$ ÷8

9
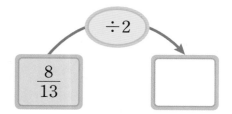

$\frac{8}{13}$ ÷2

10
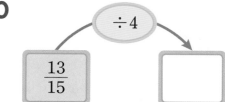

$\frac{13}{15}$ ÷4

계산은 빠르고 정확하게!

걸린 시간	1~6분	6~9분	9~12분
맞은 개수	17~18개	13~16개	1~12개
평가	참 잘했어요.	잘했어요.	좀더 노력해요.

⏰ ☐ 안에 알맞은 수를 써넣으시오. (11 ~ 18)

11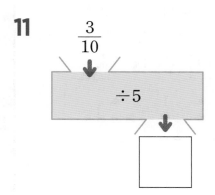

12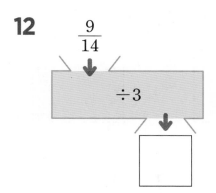

13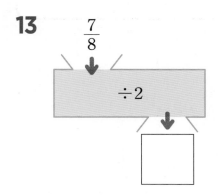

14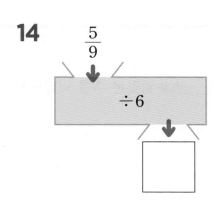

15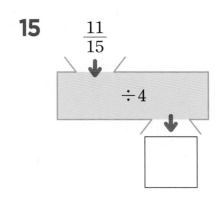

16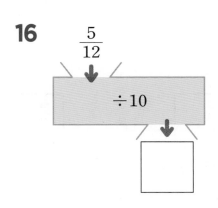

17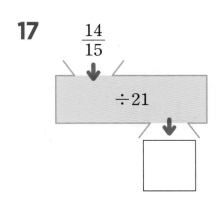

18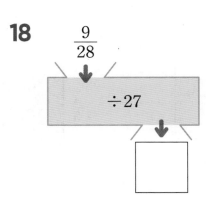

4 (진분수)÷(자연수)를 분수의 곱셈으로 나타내어 계산하기 (1)

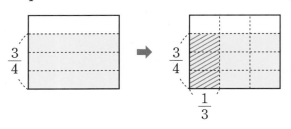

- $\dfrac{3}{4} \div 3$을 곱셈으로 나타내기

- (진분수)÷(자연수)는 나눗셈을 곱셈으로 고친 후 나누는 수인 자연수를 분모에 곱하여 계산하고, 약분이 되면 약분합니다.

$$\dfrac{\blacktriangle}{\bullet} \div \blacksquare = \dfrac{\blacktriangle}{\bullet} \times \dfrac{1}{\blacksquare} = \dfrac{\blacktriangle}{\bullet \times \blacksquare}$$

$$\dfrac{3}{4} \div 3 = \dfrac{3}{4} \times \dfrac{1}{3} = \dfrac{\overset{1}{3}}{4 \times \underset{1}{3}} = \dfrac{1}{4}$$

⏰ 그림을 보고 ☐ 안에 알맞은 수를 써넣으시오. (1~3)

1
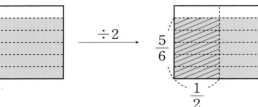

$$\dfrac{5}{6} \div 2 = \dfrac{5}{6} \times \dfrac{1}{\square} = \dfrac{\square}{\square}$$

2
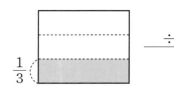

$$\dfrac{1}{3} \div 5 = \dfrac{1}{3} \times \dfrac{1}{\square} = \dfrac{\square}{\square}$$

3
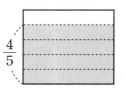
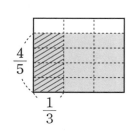

$$\dfrac{4}{5} \div 3 = \dfrac{4}{5} \times \dfrac{1}{\square} = \dfrac{\square}{\square}$$

⏰ 그림을 보고 □ 안에 알맞은 수를 써넣으시오. (4~8)

4

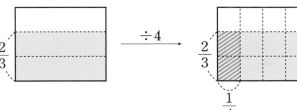

$$\frac{2}{3} \div 4 = \frac{2}{3} \times \frac{\square}{\square} = \frac{\square}{12} = \frac{\square}{6}$$

5

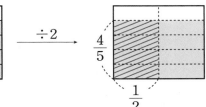

$$\frac{4}{5} \div 2 = \frac{4}{5} \times \frac{\square}{\square} = \frac{\square}{10} = \frac{\square}{5}$$

6

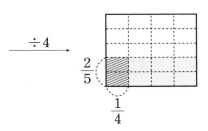

$$\frac{2}{5} \div 4 = \frac{2}{5} \times \frac{\square}{\square} = \frac{\square}{20} = \frac{\square}{10}$$

7

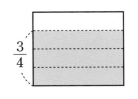

$$\frac{3}{4} \div 3 = \frac{3}{4} \times \frac{\square}{\square} = \frac{3}{\square} = \frac{\square}{\square}$$

8

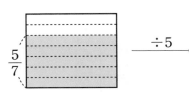

$$\frac{5}{7} \div 5 = \frac{5}{7} \times \frac{\square}{\square} = \frac{5}{\square} = \frac{\square}{\square}$$

4 (진분수)÷(자연수)를 분수의 곱셈으로 나타내어 계산하기(2)

학습 날짜
월   일

⏰ □ 안에 알맞은 수를 써넣으시오. (1~14)

1 $\dfrac{1}{4} \div 5 = \dfrac{1}{4} \times \dfrac{1}{\square} = \dfrac{1}{\square}$

2 $\dfrac{1}{5} \div 3 = \dfrac{1}{5} \times \dfrac{1}{\square} = \dfrac{1}{\square}$

3 $\dfrac{2}{5} \div 3 = \dfrac{2}{5} \times \dfrac{\square}{\square} = \square$

4 $\dfrac{5}{6} \div 2 = \dfrac{5}{6} \times \dfrac{\square}{\square} = \square$

5 $\dfrac{3}{8} \div 5 = \dfrac{3}{8} \times \dfrac{\square}{\square} = \square$

6 $\dfrac{5}{7} \div 3 = \dfrac{5}{7} \times \dfrac{\square}{\square} = \square$

7 $\dfrac{3}{4} \div 7 = \dfrac{3}{4} \times \dfrac{\square}{\square} = \square$

8 $\dfrac{2}{9} \div 3 = \dfrac{2}{9} \times \dfrac{\square}{\square} = \square$

9 $\dfrac{4}{7} \div 3 = \dfrac{4}{7} \times \dfrac{\square}{\square} = \square$

10 $\dfrac{7}{8} \div 4 = \dfrac{7}{8} \times \dfrac{\square}{\square} = \square$

11 $\dfrac{7}{10} \div 2 = \dfrac{7}{10} \times \dfrac{\square}{\square} = \square$

12 $\dfrac{8}{11} \div 3 = \dfrac{8}{11} \times \dfrac{\square}{\square} = \square$

13 $\dfrac{4}{15} \div 5 = \dfrac{4}{15} \times \dfrac{\square}{\square} = \square$

14 $\dfrac{11}{12} \div 4 = \dfrac{11}{12} \times \dfrac{\square}{\square} = \square$

계산은 빠르고 정확하게!

걸린 시간	1~6분	6~9분	9~12분
맞은 개수	26~28개	20~25개	1~19개
평가	참 잘했어요.	잘했어요.	좀더 노력해요.

계산을 하시오. (15 ~ 28)

15 $\frac{1}{2} \div 3$

16 $\frac{1}{8} \div 7$

17 $\frac{1}{5} \div 5$

18 $\frac{1}{9} \div 4$

19 $\frac{3}{4} \div 2$

20 $\frac{3}{7} \div 4$

21 $\frac{5}{8} \div 3$

22 $\frac{5}{6} \div 3$

23 $\frac{8}{9} \div 5$

24 $\frac{6}{7} \div 5$

25 $\frac{9}{10} \div 2$

26 $\frac{11}{13} \div 3$

27 $\frac{13}{18} \div 4$

28 $\frac{9}{16} \div 5$

⏰ □ 안에 알맞은 수를 써넣으시오. (1~14)

1 $\dfrac{2}{5} \div 2 = \dfrac{2}{5} \times \dfrac{\square}{\square} = \dfrac{\square}{10} = \boxed{}$

2 $\dfrac{3}{4} \div 3 = \dfrac{3}{4} \times \dfrac{\square}{\square} = \dfrac{\square}{12} = \boxed{}$

3 $\dfrac{6}{7} \div 3 = \dfrac{6}{7} \times \dfrac{\square}{\square} = \dfrac{\square}{21} = \boxed{}$

4 $\dfrac{5}{8} \div 5 = \dfrac{5}{8} \times \dfrac{\square}{\square} = \dfrac{\square}{40} = \boxed{}$

5 $\dfrac{8}{9} \div 4 = \dfrac{8}{9} \times \dfrac{\square}{\square} = \dfrac{\square}{36} = \boxed{}$

6 $\dfrac{4}{5} \div 2 = \dfrac{4}{5} \times \dfrac{\square}{\square} = \dfrac{\square}{10} = \boxed{}$

7 $\dfrac{2}{7} \div 4 = \dfrac{2}{7} \times \dfrac{\square}{\square} = \dfrac{\square}{28} = \boxed{}$

8 $\dfrac{4}{9} \div 6 = \dfrac{4}{9} \times \dfrac{\square}{\square} = \dfrac{\square}{54} = \boxed{}$

9 $\dfrac{9}{10} \div 3 = \dfrac{\overset{\square}{\cancel{9}}}{10} \times \dfrac{\square}{\cancel{3}} = \boxed{}$

10 $\dfrac{8}{11} \div 4 = \dfrac{\overset{\square}{\cancel{8}}}{11} \times \dfrac{\square}{\cancel{4}} = \boxed{}$

11 $\dfrac{12}{13} \div 8 = \dfrac{\overset{\square}{\cancel{12}}}{13} \times \dfrac{\square}{\cancel{8}} = \boxed{}$

12 $\dfrac{10}{11} \div 5 = \dfrac{\overset{\square}{\cancel{10}}}{11} \times \dfrac{\square}{\cancel{5}} = \boxed{}$

13 $\dfrac{6}{17} \div 8 = \dfrac{\overset{\square}{\cancel{6}}}{17} \times \dfrac{\square}{\cancel{8}} = \boxed{}$

14 $\dfrac{14}{15} \div 7 = \dfrac{\overset{\square}{\cancel{14}}}{15} \times \dfrac{\square}{\cancel{7}} = \boxed{}$

계산은 빠르고 정확하게!

걸린 시간	1~7분	7~10분	10~14분
맞은 개수	26~28개	20~25개	1~19개
평가	참 잘했어요.	잘했어요.	좀더 노력해요.

⏰ 계산을 하여 기약분수로 나타내시오. (15 ~ 28)

15 $\dfrac{4}{5} \div 4$

16 $\dfrac{8}{9} \div 2$

17 $\dfrac{2}{7} \div 6$

18 $\dfrac{5}{8} \div 10$

19 $\dfrac{3}{4} \div 9$

20 $\dfrac{6}{7} \div 3$

21 $\dfrac{2}{3} \div 4$

22 $\dfrac{4}{9} \div 8$

23 $\dfrac{9}{10} \div 6$

24 $\dfrac{8}{11} \div 10$

25 $\dfrac{6}{13} \div 9$

26 $\dfrac{14}{15} \div 4$

27 $\dfrac{15}{19} \div 10$

28 $\dfrac{16}{17} \div 8$

⏰ 빈 곳에 알맞은 수를 써넣으시오. (1~10)

1

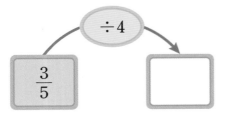

$\frac{3}{5}$ ÷4

2

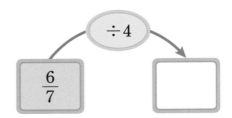

$\frac{6}{7}$ ÷4

3

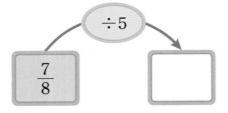

$\frac{7}{8}$ ÷5

4

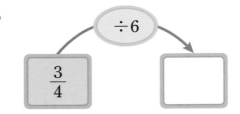

$\frac{3}{4}$ ÷6

5

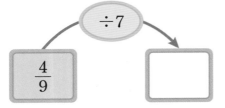

$\frac{4}{9}$ ÷7

6

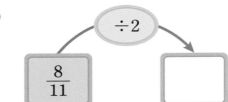

$\frac{8}{11}$ ÷2

7

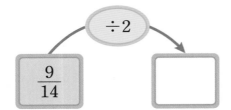

$\frac{9}{14}$ ÷2

8

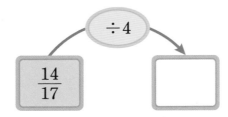

$\frac{14}{17}$ ÷4

9

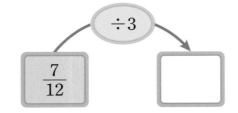

$\frac{7}{12}$ ÷3

10

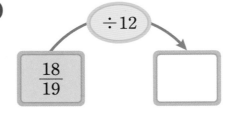

$\frac{18}{19}$ ÷12

계산은 빠르고 정확하게!

걸린 시간	1~6분	6~9분	9~12분
맞은 개수	17~18개	13~16개	1~12개
평가	참 잘했어요.	잘했어요.	좀더 노력해요.

⏰ □ 안에 알맞은 수를 써넣으시오. (11 ~ 18)

11
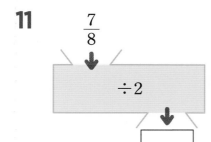

12
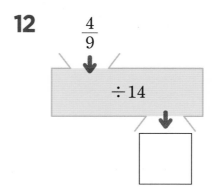

13
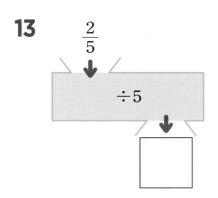

14
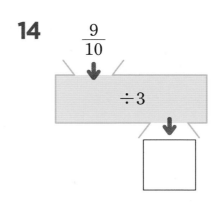

15
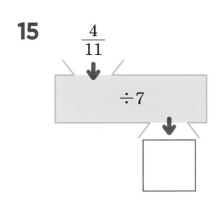

16
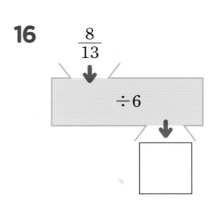

17
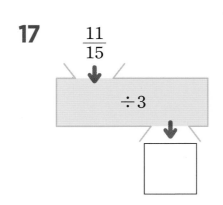

18
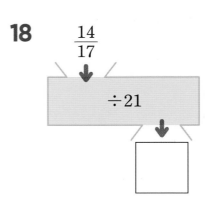

5 (가분수)÷(자연수)(1)

- 분자가 자연수의 배수인 경우 분자를 자연수로 나눕니다.

$$\frac{6}{5} \div 3 = \frac{6 \div 3}{5} = \frac{2}{5}$$

- 분자가 자연수의 배수가 아닌 경우 자연수를 $\frac{1}{(자연수)}$로 바꾼 다음 곱합니다.

$$\frac{7}{5} \div 3 = \frac{7}{5} \times \frac{1}{3} = \frac{7}{15}$$

⏰ 수직선을 보고 □ 안에 알맞은 수를 써넣으시오. (1~3)

1

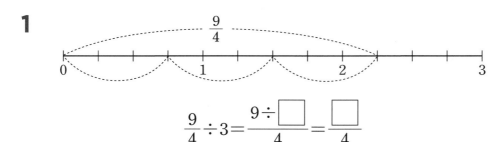

$$\frac{9}{4} \div 3 = \frac{9 \div \square}{4} = \frac{\square}{4}$$

2

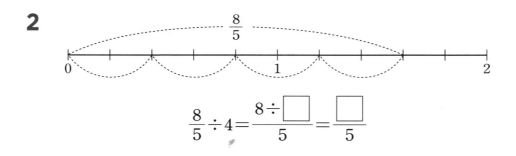

$$\frac{8}{5} \div 4 = \frac{8 \div \square}{5} = \frac{\square}{5}$$

3

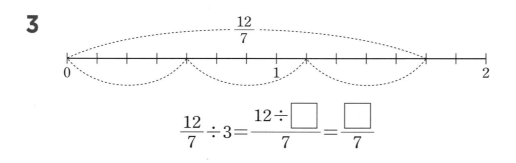

$$\frac{12}{7} \div 3 = \frac{12 \div \square}{7} = \frac{\square}{7}$$

걸린 시간	1~3분	3~5분	5~7분
맞은 개수	7개	6개	1~5개
평가	참 잘했어요.	잘했어요.	좀더 노력해요.

그림을 보고 □ 안에 알맞은 수를 써넣으시오. (4 ~ 7)

4

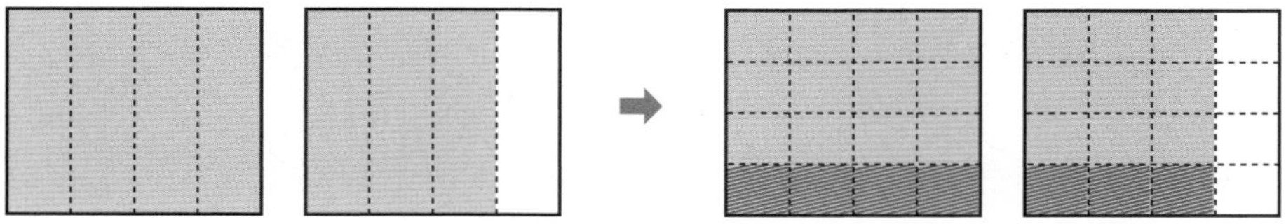

$$\frac{7}{4} \div 4 = \frac{7}{4} \times \frac{\square}{\square} = \square$$

5

$$\frac{8}{5} \div 3 = \frac{8}{5} \times \frac{\square}{\square} = \square$$

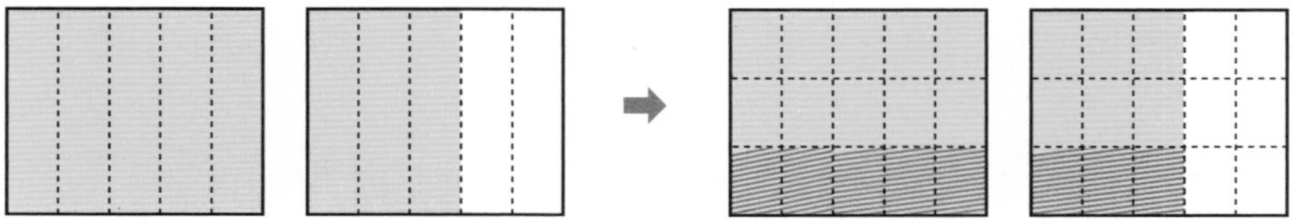

6

$$\frac{11}{6} \div 2 = \frac{11}{6} \times \frac{\square}{\square} = \square$$

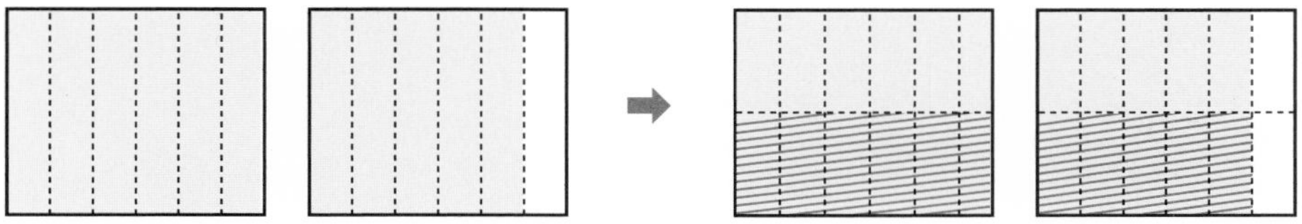

7

$$\frac{10}{7} \div 5 = \frac{10}{7} \times \frac{\square}{\square} = \frac{10}{\square} = \square$$

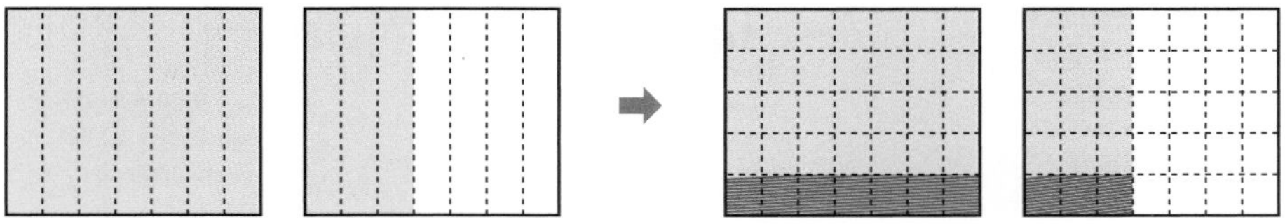

학습 날짜

월   일

⏰ ☐ 안에 알맞은 수를 써넣으시오. (1 ~ 14)

1 $\dfrac{8}{3} \div 4 = \dfrac{8 \div \boxed{}}{3} = \boxed{}$

2 $\dfrac{5}{4} \div 5 = \dfrac{5 \div \boxed{}}{4} = \boxed{}$

3 $\dfrac{6}{5} \div 3 = \dfrac{6 \div \boxed{}}{5} = \boxed{}$

4 $\dfrac{9}{4} \div 3 = \dfrac{9 \div \boxed{}}{4} = \boxed{}$

5 $\dfrac{15}{7} \div 5 = \dfrac{15 \div \boxed{}}{7} = \boxed{}$

6 $\dfrac{14}{9} \div 2 = \dfrac{14 \div \boxed{}}{9} = \boxed{}$

7 $\dfrac{16}{5} \div 4 = \dfrac{16 \div \boxed{}}{5} = \boxed{}$

8 $\dfrac{21}{8} \div 7 = \dfrac{21 \div \boxed{}}{8} = \boxed{}$

9 $\dfrac{12}{7} \div 6 = \dfrac{12 \div \boxed{}}{7} = \boxed{}$

10 $\dfrac{20}{9} \div 4 = \dfrac{20 \div \boxed{}}{9} = \boxed{}$

11 $\dfrac{18}{11} \div 3 = \dfrac{18 \div \boxed{}}{11} = \boxed{}$

12 $\dfrac{15}{13} \div 3 = \dfrac{15 \div \boxed{}}{13} = \boxed{}$

13 $\dfrac{25}{13} \div 5 = \dfrac{25 \div \boxed{}}{13} = \boxed{}$

14 $\dfrac{24}{17} \div 6 = \dfrac{24 \div \boxed{}}{17} = \boxed{}$

계산은 빠르고 정확하게!

걸린 시간	1~7분	7~10분	10~14분
맞은 개수	26~28개	21~25개	1~20개
평가	참 잘했어요.	잘했어요.	좀더 노력해요.

계산을 하시오. (15 ~ 28)

15 $\frac{5}{2} \div 5$

16 $\frac{10}{3} \div 5$

17 $\frac{18}{7} \div 3$

18 $\frac{16}{9} \div 8$

19 $\frac{21}{4} \div 7$

20 $\frac{12}{5} \div 6$

21 $\frac{35}{6} \div 7$

22 $\frac{25}{8} \div 5$

23 $\frac{50}{7} \div 10$

24 $\frac{24}{5} \div 6$

25 $\frac{27}{10} \div 9$

26 $\frac{36}{11} \div 6$

27 $\frac{49}{15} \div 7$

28 $\frac{33}{14} \div 11$

⏰ □ 안에 알맞은 수를 써넣으시오. (1~14)

1 $\dfrac{7}{3} \div 3 = \dfrac{7}{3} \times \dfrac{\square}{\square} = \square$

2 $\dfrac{9}{5} \div 4 = \dfrac{9}{5} \times \dfrac{\square}{\square} = \square$

3 $\dfrac{11}{4} \div 5 = \dfrac{11}{4} \times \dfrac{\square}{\square} = \square$

4 $\dfrac{13}{6} \div 3 = \dfrac{13}{6} \times \dfrac{\square}{\square} = \square$

5 $\dfrac{10}{9} \div 3 = \dfrac{10}{9} \times \dfrac{\square}{\square} = \square$

6 $\dfrac{15}{8} \div 7 = \dfrac{15}{8} \times \dfrac{\square}{\square} = \square$

7 $\dfrac{13}{4} \div 6 = \dfrac{13}{4} \times \dfrac{\square}{\square} = \square$

8 $\dfrac{7}{2} \div 4 = \dfrac{7}{2} \times \dfrac{\square}{\square} = \square$

9 $\dfrac{12}{5} \div 8 = \dfrac{\overset{\square}{\cancel{12}}}{5} \times \dfrac{1}{\underset{\square}{\cancel{8}}} = \square$

10 $\dfrac{15}{7} \div 6 = \dfrac{\overset{\square}{\cancel{15}}}{7} \times \dfrac{1}{\underset{\square}{\cancel{6}}} = \square$

11 $\dfrac{9}{5} \div 6 = \dfrac{\overset{\square}{\cancel{9}}}{5} \times \dfrac{1}{\underset{\square}{\cancel{6}}} = \square$

12 $\dfrac{27}{8} \div 18 = \dfrac{\overset{\square}{\cancel{27}}}{8} \times \dfrac{1}{\underset{\square}{\cancel{18}}} = \square$

13 $\dfrac{16}{9} \div 20 = \dfrac{\overset{\square}{\cancel{16}}}{9} \times \dfrac{1}{\underset{\square}{\cancel{20}}} = \square$

14 $\dfrac{30}{11} \div 12 = \dfrac{\overset{\square}{\cancel{30}}}{11} \times \dfrac{1}{\underset{\square}{\cancel{12}}} = \square$

⏰ 계산을 하여 기약분수로 나타내시오. (15 ~ 28)

15 $\dfrac{8}{5} \div 3$

16 $\dfrac{21}{4} \div 6$

17 $\dfrac{11}{9} \div 4$

18 $\dfrac{15}{8} \div 9$

19 $\dfrac{17}{6} \div 5$

20 $\dfrac{16}{7} \div 6$

21 $\dfrac{15}{8} \div 4$

22 $\dfrac{20}{9} \div 8$

23 $\dfrac{19}{10} \div 5$

24 $\dfrac{45}{14} \div 12$

25 $\dfrac{29}{12} \div 6$

26 $\dfrac{28}{13} \div 16$

27 $\dfrac{31}{15} \div 3$

28 $\dfrac{50}{21} \div 15$

(가분수) ÷ (자연수) (4)

⏰ 빈 곳에 알맞은 수를 써넣으시오. (1~10)

1

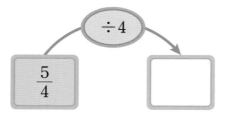

$\dfrac{5}{4}$ → ÷4 → ☐

2

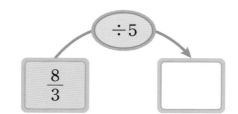

$\dfrac{8}{3}$ → ÷5 → ☐

3

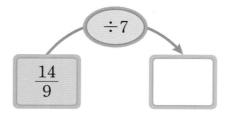

$\dfrac{14}{9}$ → ÷7 → ☐

4

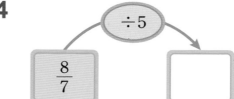

$\dfrac{8}{7}$ → ÷5 → ☐

5

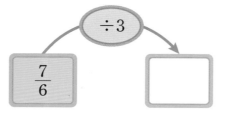

$\dfrac{7}{6}$ → ÷3 → ☐

6

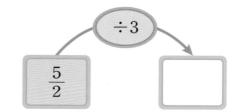

$\dfrac{5}{2}$ → ÷3 → ☐

7

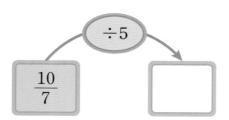

$\dfrac{10}{7}$ → ÷5 → ☐

8

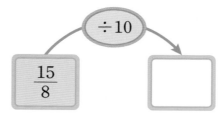

$\dfrac{15}{8}$ → ÷10 → ☐

9

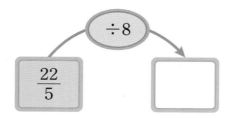

$\dfrac{22}{5}$ → ÷8 → ☐

10

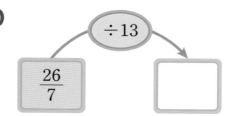

$\dfrac{26}{7}$ → ÷13 → ☐

계산은 빠르고 정확하게!

걸린 시간	1~6분	6~9분	9~12분
맞은 개수	17~18개	13~16개	1~12개
평가	참 잘했어요.	잘했어요.	좀더 노력해요.

⏰ ☐ 안에 알맞은 수를 써넣으시오. (11~18)

11
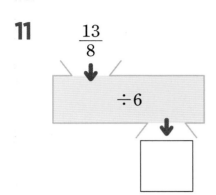

12
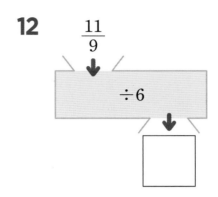

13
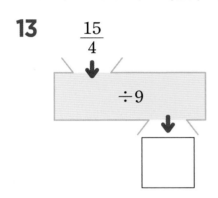

14
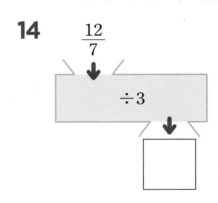

15
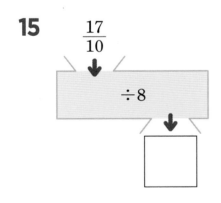

16
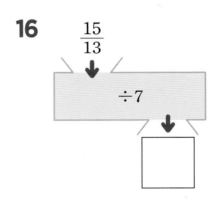

17
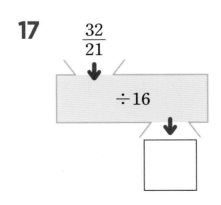

18
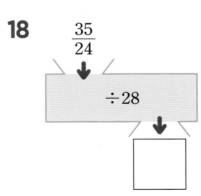

6 (대분수) ÷ (자연수) (1)

(대분수)÷(자연수)는 대분수를 가분수로 고치고 나눗셈을 곱셈으로 고친 후 약분이 되면 약분하여 계산합니다.

방법 ① 계산 마지막 과정에서 약분하기

$$1\frac{4}{5} \div 3 = \frac{9}{5} \times \frac{1}{3} = \frac{\overset{3}{\cancel{9}}}{\underset{5}{\cancel{15}}} = \frac{3}{5}$$

방법 ② 계산 도중에 약분하기

$$1\frac{4}{5} \div 3 = \frac{\overset{3}{\cancel{9}}}{5} \times \frac{1}{\underset{1}{\cancel{3}}} = \frac{3}{5}$$

⏰ 수직선을 보고 ☐ 안에 알맞은 수를 써넣으시오. (1~3)

1

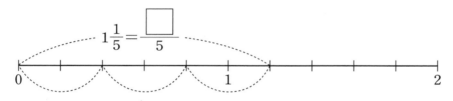

$$1\frac{1}{5} = \frac{\boxed{}}{5}$$

$$1\frac{1}{5} \div 3 = \frac{\boxed{}}{5} \div 3 = \frac{\boxed{} \div 3}{5} = \frac{\boxed{}}{5}$$

2

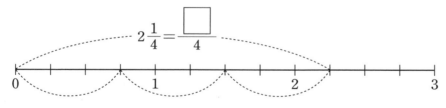

$$2\frac{1}{4} = \frac{\boxed{}}{4}$$

$$2\frac{1}{4} \div 3 = \frac{\boxed{}}{4} \div 3 = \frac{\boxed{} \div 3}{4} = \frac{\boxed{}}{4}$$

3

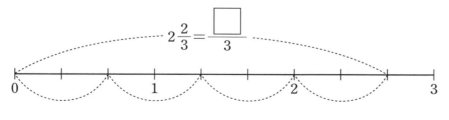

$$2\frac{2}{3} = \frac{\boxed{}}{3}$$

$$2\frac{2}{3} \div 4 = \frac{\boxed{}}{3} \div 4 = \frac{\boxed{} \div 4}{3} = \frac{\boxed{}}{3}$$

⏰ 그림을 보고 □ 안에 알맞은 수를 써넣으시오. (4 ~ 7)

4

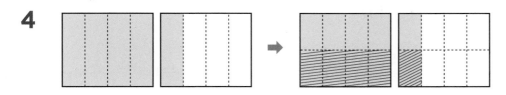

$$1\frac{1}{4} \div 2 = \frac{\square}{4} \div 2 = \frac{\square}{4} \times \frac{\square}{\square} = \boxed{}$$

5

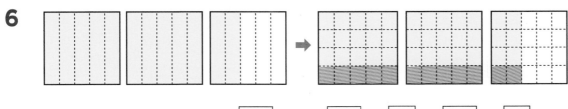

$$1\frac{2}{3} \div 3 = \frac{\square}{3} \div 3 = \frac{\square}{3} \times \frac{\square}{\square} = \boxed{}$$

6

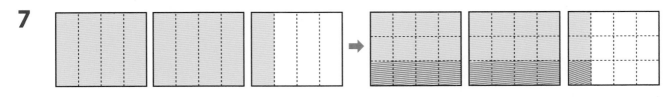

$$2\frac{2}{5} \div 4 = \frac{\square}{5} \div 4 = \frac{\square}{5} \times \frac{\square}{\square} = \frac{\square}{20} = \frac{\square}{5}$$

7

$$2\frac{1}{4} \div 3 = \frac{\square}{4} \div 3 = \frac{\square}{4} \times \frac{\square}{\square} = \frac{\square}{12} = \frac{\square}{4}$$

⏰ □ 안에 알맞은 수를 써넣으시오. (1~10)

1 $1\dfrac{2}{3} \div 3 = \dfrac{\square}{3} \div 3 = \dfrac{\square}{3} \times \dfrac{\square}{\square}$

$\qquad = \boxed{}$

2 $2\dfrac{3}{4} \div 4 = \dfrac{\square}{4} \div 4 = \dfrac{\square}{4} \times \dfrac{1}{\square}$

$\qquad = \boxed{}$

3 $2\dfrac{1}{4} \div 5 = \dfrac{\square}{4} \div 5 = \dfrac{\square}{4} \times \dfrac{\square}{\square}$

$\qquad = \boxed{}$

4 $3\dfrac{2}{3} \div 5 = \dfrac{\square}{3} \div 5 = \dfrac{\square}{3} \times \dfrac{1}{\square}$

$\qquad = \boxed{}$

5 $2\dfrac{3}{5} \div 4 = \dfrac{\square}{5} \div 4 = \dfrac{\square}{5} \times \dfrac{\square}{\square}$

$\qquad = \boxed{}$

6 $1\dfrac{3}{4} \div 6 = \dfrac{\square}{4} \div 6 = \dfrac{\square}{4} \times \dfrac{1}{\square}$

$\qquad = \boxed{}$

7 $2\dfrac{5}{6} \div 4 = \dfrac{\square}{6} \div 4 = \dfrac{\square}{6} \times \dfrac{\square}{\square}$

$\qquad = \boxed{}$

8 $1\dfrac{2}{3} \div 3 = \dfrac{\square}{3} \div 3 = \dfrac{\square}{3} \times \dfrac{\square}{\square}$

$\qquad = \boxed{}$

9 $3\dfrac{4}{9} \div 5 = \dfrac{\square}{9} \div 5 = \dfrac{\square}{9} \times \dfrac{\square}{\square}$

$\qquad = \boxed{}$

10 $2\dfrac{3}{10} \div 7 = \dfrac{\square}{10} \div 7 = \dfrac{\square}{10} \times \dfrac{\square}{\square}$

$\qquad = \boxed{}$

걸린 시간	1~8분	8~12분	12~16분
맞은 개수	22~24개	17~21개	1~16개
평가	참 잘했어요.	잘했어요.	좀더 노력해요.

계산을 하시오. (11 ~ 24)

11 $2\frac{3}{4} \div 3$

12 $1\frac{1}{9} \div 7$

13 $3\frac{2}{7} \div 4$

14 $5\frac{3}{5} \div 9$

15 $4\frac{2}{3} \div 5$

16 $4\frac{1}{2} \div 8$

17 $3\frac{5}{8} \div 4$

18 $3\frac{2}{9} \div 5$

19 $2\frac{7}{10} \div 3$

20 $4\frac{3}{11} \div 6$

21 $3\frac{4}{15} \div 2$

22 $5\frac{5}{12} \div 3$

23 $4\frac{7}{13} \div 3$

24 $8\frac{1}{14} \div 6$

⏰ □ 안에 알맞은 수를 써넣으시오. (1~10)

1 $1\dfrac{3}{5} \div 4 = \dfrac{\square}{5} \div 4 = \dfrac{\square}{5} \times \dfrac{\square}{\square}$

$= \dfrac{\square}{20} = \dfrac{\square}{5}$

2 $2\dfrac{1}{4} \div 6 = \dfrac{\square}{4} \div 6 = \dfrac{\square}{4} \times \dfrac{\square}{\square}$

$= \dfrac{\square}{24} = \dfrac{\square}{8}$

3 $1\dfrac{5}{7} \div 6 = \dfrac{\square}{7} \div 6 = \dfrac{\square}{7} \times \dfrac{\square}{\square}$

$= \dfrac{\square}{42} = \dfrac{\square}{7}$

4 $6\dfrac{2}{3} \div 10 = \dfrac{\square}{3} \div 10 = \dfrac{\square}{3} \times \dfrac{\square}{\square}$

$= \dfrac{\square}{30} = \dfrac{\square}{3}$

5 $2\dfrac{2}{9} \div 5 = \dfrac{\square}{9} \div 5 = \dfrac{\square}{9} \times \dfrac{\square}{\square}$

$= \dfrac{\square}{45} = \dfrac{\square}{9}$

6 $3\dfrac{3}{4} \div 6 = \dfrac{\square}{4} \div 6 = \dfrac{\square}{4} \times \dfrac{\square}{\square}$

$= \dfrac{\square}{24} = \dfrac{\square}{8}$

7 $2\dfrac{4}{5} \div 4 = \dfrac{14}{\square} \div 4 = \dfrac{\overset{\square}{14}}{\square} \times \dfrac{\square}{\underset{\square}{4}}$

$= \boxed{}$

8 $5\dfrac{1}{4} \div 14 = \dfrac{21}{\square} \div 14 = \dfrac{\overset{\square}{21}}{\square} \times \dfrac{\square}{\underset{\square}{14}}$

$= \boxed{}$

9 $4\dfrac{1}{6} \div 5 = \dfrac{25}{\square} \div 5 = \dfrac{\overset{\square}{25}}{\square} \times \dfrac{\square}{\underset{\square}{5}}$

$= \boxed{}$

10 $3\dfrac{5}{9} \div 12 = \dfrac{32}{\square} \div 12 = \dfrac{\overset{\square}{32}}{\square} \times \dfrac{\square}{\underset{\square}{12}}$

$= \boxed{}$

걸린 시간	1~10분	10~15분	15~20분
맞은 개수	22~24개	17~21개	1~16개
평가	참 잘했어요.	잘했어요.	좀더 노력해요.

계산을 하여 기약분수로 나타내시오. (11 ~ 24)

11 $1\frac{1}{9}\div2$

12 $2\frac{4}{5}\div7$

13 $2\frac{1}{4}\div6$

14 $3\frac{6}{7}\div9$

15 $2\frac{5}{8}\div7$

16 $3\frac{1}{3}\div4$

17 $4\frac{1}{5}\div6$

18 $6\frac{3}{8}\div3$

19 $6\frac{3}{4}\div3$

20 $3\frac{3}{5}\div6$

21 $5\frac{1}{3}\div12$

22 $5\frac{7}{9}\div4$

23 $7\frac{7}{10}\div7$

24 $5\frac{5}{12}\div5$

⏰ 빈 곳에 알맞은 수를 써넣으시오. (1~10)

1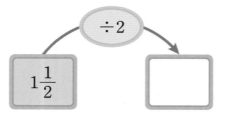

2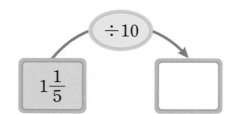

3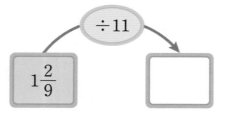

4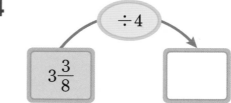

5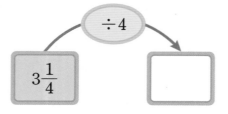

6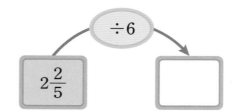

7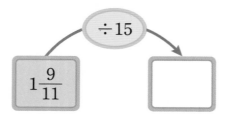

8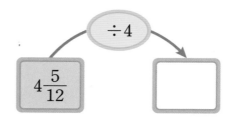

9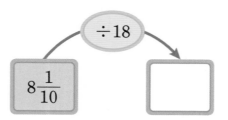

10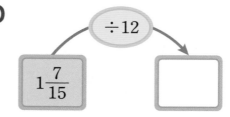

계산은 빠르고 정확하게!

걸린 시간	1~6분	6~9분	9~12분
맞은 개수	17~18개	13~16개	1~12개
평가	참 잘했어요.	잘했어요.	좀더 노력해요.

⏰ □ 안에 알맞은 수를 써넣으시오. (11 ~ 18)

11
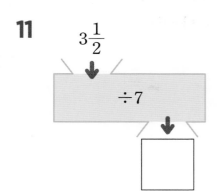
$3\frac{1}{2}$
÷7

12
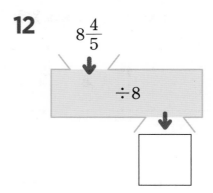
$8\frac{4}{5}$
÷8

13
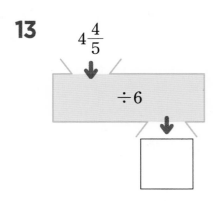
$4\frac{4}{5}$
÷6

14
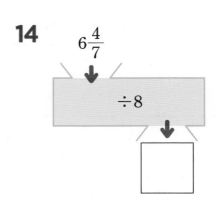
$6\frac{4}{7}$
÷8

15
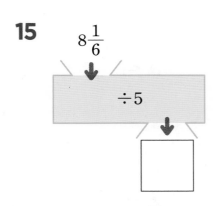
$8\frac{1}{6}$
÷5

16
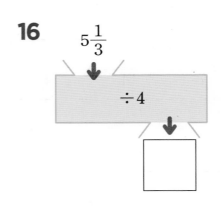
$5\frac{1}{3}$
÷4

17
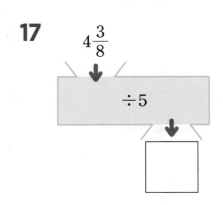
$4\frac{3}{8}$
÷5

18
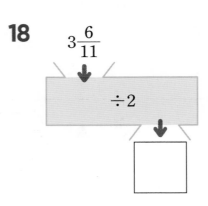
$3\frac{6}{11}$
÷2

학습 날짜
월
일

🕐 주어진 두 식이 성립할 때 ■와 ▲에 알맞은 수를 각각 구하시오. (1~6)

1

$7 \div \blacksquare = \dfrac{7}{10}$ $\dfrac{\blacksquare}{13} \div \blacktriangle = \dfrac{2}{13}$

$\blacksquare =$ ☐ $\blacktriangle =$ ☐

2

$5 \div \blacksquare = \dfrac{5}{12}$ $\dfrac{\blacksquare}{17} \div \blacktriangle = \dfrac{4}{17}$

$\blacksquare =$ ☐ $\blacktriangle =$ ☐

3

$11 \div \blacksquare = \dfrac{11}{18}$ $\dfrac{\blacksquare}{25} \div \blacktriangle = \dfrac{2}{25}$

$\blacksquare =$ ☐ $\blacktriangle =$ ☐

4

$\blacksquare \div 7 = 1\dfrac{2}{7}$ $\dfrac{\blacksquare}{14} \div \blacktriangle = \dfrac{3}{14}$

$\blacksquare =$ ☐ $\blacktriangle =$ ☐

5

$\blacksquare \div 5 = 1\dfrac{2}{5}$ $\dfrac{\blacksquare}{10} \div \blacktriangle = \dfrac{1}{10}$

$\blacksquare =$ ☐ $\blacktriangle =$ ☐

6

$\blacksquare \div 9 = 1\dfrac{5}{9}$ $\dfrac{\blacksquare}{15} \div \blacktriangle = \dfrac{7}{15}$

$\blacksquare =$ ☐ $\blacktriangle =$ ☐

계산은 빠르고 정확하게!

걸린 시간	1~10분	10~15분	15~20분
맞은 개수	11~12개	9~10개	1~8개
평가	참 잘했어요.	잘했어요.	좀더 노력해요.

⏰ 보기 와 같은 방법으로 나눗셈을 해 보시오. (7~12)

보기

$$20\frac{4}{5} \div 4 = (20 \div 4) + \left(\frac{4}{5} \div 4\right) = 5 + \frac{1}{5} = 5\frac{1}{5}$$

7
$$10\frac{5}{7} \div 5$$

8
$$6\frac{9}{10} \div 3$$

9
$$4\frac{4}{9} \div 4$$

10
$$8\frac{6}{11} \div 2$$

11
$$12\frac{3}{8} \div 4$$

12
$$18\frac{7}{8} \div 6$$

확인 평가

🕐 나눗셈의 몫을 분수로 나타내시오. (1~14)

1 $1 \div 8 = \dfrac{\square}{\square}$

2 $1 \div 6 = \dfrac{\square}{\square}$

3 $5 \div 7 = \dfrac{\square}{\square}$

4 $6 \div 11 = \dfrac{\square}{\square}$

5 $4 \div 9 = \dfrac{\square}{\square}$

6 $7 \div 12 = \dfrac{\square}{\square}$

7 $5 \div 13 = \dfrac{\square}{\square}$

8 $11 \div 15 = \dfrac{\square}{\square}$

9 $7 \div 5 = \dfrac{\square}{\square} = \square \dfrac{\square}{\square}$

10 $8 \div 3 = \dfrac{\square}{\square} = \square \dfrac{\square}{\square}$

11 $9 \div 4 = \dfrac{\square}{\square} = \square \dfrac{\square}{\square}$

12 $11 \div 5 = \dfrac{\square}{\square} = \square \dfrac{\square}{\square}$

13 $15 \div 8 = \dfrac{\square}{\square} = \square \dfrac{\square}{\square}$

14 $18 \div 13 = \dfrac{\square}{\square} = \square \dfrac{\square}{\square}$

⏰ □ 안에 알맞은 수를 써넣으시오. (15~25)

15 $\dfrac{6}{7} \div 2 = \dfrac{6 \div \boxed{}}{7} = \dfrac{\boxed{}}{7}$

16 $\dfrac{8}{9} \div 4 = \dfrac{8 \div \boxed{}}{9} = \dfrac{\boxed{}}{9}$

17 $\dfrac{7}{8} \div 3 = \dfrac{7}{8} \times \dfrac{\boxed{}}{\boxed{}} = \boxed{}$

18 $\dfrac{8}{11} \div 6 = \dfrac{\overset{\boxed{}}{8}}{11} \times \dfrac{\boxed{}}{\underset{\boxed{}}{6}} = \boxed{}$

19 $\dfrac{8}{5} \div 2 = \dfrac{8 \div \boxed{}}{5} = \dfrac{\boxed{}}{5}$

20 $\dfrac{3}{2} \div 5 = \dfrac{3}{2} \times \dfrac{\boxed{}}{\boxed{}} = \boxed{}$

21 $\dfrac{15}{7} \div 6 = \dfrac{\overset{\boxed{}}{15}}{7} \times \dfrac{\boxed{}}{\underset{\boxed{}}{6}} = \boxed{}$

22 $\dfrac{18}{13} \div 8 = \dfrac{\overset{\boxed{}}{18}}{13} \times \dfrac{\boxed{}}{\underset{\boxed{}}{8}} = \boxed{}$

23 $3\dfrac{3}{5} \div 3 = \dfrac{\boxed{}}{5} \div 3 = \dfrac{\boxed{} \div 3}{5} = \dfrac{\boxed{}}{5} = \boxed{}$

24 $4\dfrac{1}{4} \div 5 = \dfrac{\boxed{}}{4} \div 5 = \dfrac{\boxed{}}{4} \times \dfrac{\boxed{}}{\boxed{}} = \boxed{}$

25 $4\dfrac{4}{11} \div 18 = \dfrac{\boxed{}}{11} \div 18 = \dfrac{\boxed{}}{11} \times \dfrac{\boxed{}}{\boxed{}} = \dfrac{\boxed{}}{198} = \dfrac{\boxed{}}{33}$

🕐 계산을 하여 기약분수로 나타내시오. (26 ~ 39)

26 $\dfrac{4}{5} \div 6$

27 $\dfrac{4}{7} \div 9$

28 $\dfrac{11}{12} \div 3$

29 $\dfrac{14}{15} \div 12$

30 $\dfrac{13}{3} \div 5$

31 $\dfrac{19}{7} \div 3$

32 $\dfrac{39}{10} \div 6$

33 $\dfrac{25}{6} \div 10$

34 $2\dfrac{2}{3} \div 4$

35 $1\dfrac{1}{6} \div 3$

36 $1\dfrac{3}{7} \div 5$

37 $4\dfrac{2}{5} \div 8$

38 $1\dfrac{5}{13} \div 12$

39 $2\dfrac{8}{11} \div 12$

2

소수의 나눗셈

자연수의 나눗셈을 이용하여 (소수) ÷ (자연수) 계산하기 (1)

🌟 자연수의 나눗셈을 이용하여 계산하기

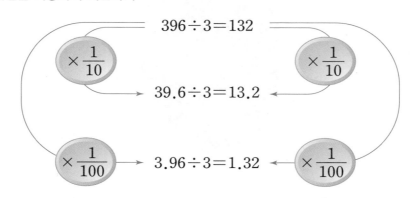

$$396 \div 3 = 132$$

$$39.6 \div 3 = 13.2$$

$$3.96 \div 3 = 1.32$$

- 396의 $\frac{1}{10}$배인 39.6을 똑같이 3으로 나누면 몫도 132의 $\frac{1}{10}$배인 13.2가 됩니다.

- 396의 $\frac{1}{100}$배인 3.96을 똑같이 3으로 나누면 몫도 132의 $\frac{1}{100}$배인 1.32가 됩니다.

1 44.8 cm의 끈을 4명에게 똑같이 나누어 주려고 합니다. ☐ 안에 알맞은 수를 써넣으시오.

> 44.8 cm는 1 mm가 ☐ 개입니다.
>
> ☐ ÷ 4 = ☐
>
> 한 명이 가질 수 있는 끈의 길이는 ☐ mm이므로 ☐ cm입니다.

2 3.69 m의 끈을 3명에게 똑같이 나누어 주려고 합니다. ☐ 안에 알맞은 수를 써넣으시오.

> 3.69 m는 1 cm가 ☐ 개입니다.
>
> ☐ ÷ 3 = ☐
>
> 한 명이 가질 수 있는 끈의 길이는 ☐ cm이므로 ☐ m입니다.

⏰ □ 안에 알맞은 수를 써넣으시오. (3 ~ 5)

3

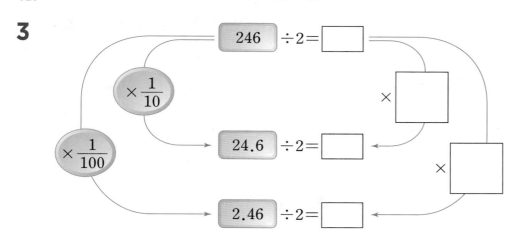

$$246 \div 2 = \boxed{}$$
$$24.6 \div 2 = \boxed{}$$
$$2.46 \div 2 = \boxed{}$$

4

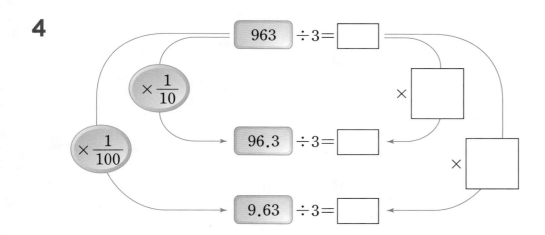

$$963 \div 3 = \boxed{}$$
$$96.3 \div 3 = \boxed{}$$
$$9.63 \div 3 = \boxed{}$$

5

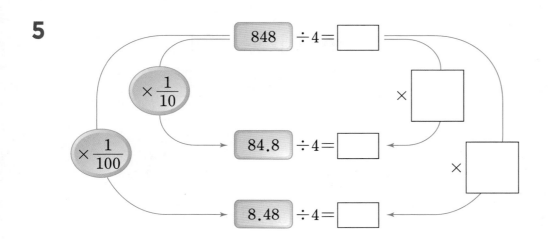

$$848 \div 4 = \boxed{}$$
$$84.8 \div 4 = \boxed{}$$
$$8.48 \div 4 = \boxed{}$$

1 자연수의 나눗셈을 이용하여 (소수)÷(자연수) 계산하기 (2)

⏰ 자연수의 나눗셈을 이용하여 계산한 것입니다. □ 안에 알맞은 수를 써넣으시오. (1~12)

1 $84 \div 4 = \boxed{}$

➡ $8.4 \div 4 = \boxed{}$

2 $55 \div 5 = \boxed{}$

➡ $5.5 \div 5 = \boxed{}$

3 $72 \div 6 = \boxed{}$

➡ $7.2 \div 6 = \boxed{}$

4 $96 \div 3 = \boxed{}$

➡ $9.6 \div 3 = \boxed{}$

5 $86 \div 2 = \boxed{}$

➡ $8.6 \div 2 = \boxed{}$

6 $75 \div 5 = \boxed{}$

➡ $7.5 \div 5 = \boxed{}$

7 $68 \div 4 = \boxed{}$

➡ $6.8 \div 4 = \boxed{}$

8 $84 \div 3 = \boxed{}$

➡ $8.4 \div 3 = \boxed{}$

9 $492 \div 4 = \boxed{}$

➡ $49.2 \div 4 = \boxed{}$

10 $268 \div 2 = \boxed{}$

➡ $26.8 \div 2 = \boxed{}$

11 $182 \div 7 = \boxed{}$

➡ $18.2 \div 7 = \boxed{}$

12 $324 \div 9 = \boxed{}$

➡ $32.4 \div 9 = \boxed{}$

⏰ 자연수의 나눗셈을 이용하여 계산한 것입니다. □ 안에 알맞은 수를 써넣으시오. (13 ~ 24)

13 $224 \div 2 = \boxed{}$

➡ $2.24 \div 2 = \boxed{}$

14 $363 \div 3 = \boxed{}$

➡ $3.63 \div 3 = \boxed{}$

15 $492 \div 4 = \boxed{}$

➡ $4.92 \div 4 = \boxed{}$

16 $848 \div 8 = \boxed{}$

➡ $8.48 \div 8 = \boxed{}$

17 $966 \div 3 = \boxed{}$

➡ $9.66 \div 3 = \boxed{}$

18 $488 \div 4 = \boxed{}$

➡ $4.88 \div 4 = \boxed{}$

19 $846 \div 2 = \boxed{}$

➡ $8.46 \div 2 = \boxed{}$

20 $756 \div 6 = \boxed{}$

➡ $7.56 \div 6 = \boxed{}$

21 $522 \div 3 = \boxed{}$

➡ $5.22 \div 3 = \boxed{}$

22 $648 \div 2 = \boxed{}$

➡ $6.48 \div 2 = \boxed{}$

23 $655 \div 5 = \boxed{}$

➡ $6.55 \div 5 = \boxed{}$

24 $616 \div 4 = \boxed{}$

➡ $6.16 \div 4 = \boxed{}$

⏰ □ 안에 알맞은 수를 써넣으시오. (1~8)

1
264÷2=☐

26.4÷2=☐

2.64÷2=☐

2
969÷3=☐

96.9÷3=☐

9.69÷3=☐

3
708÷6=☐

70.8÷6=☐

7.08÷6=☐

4
791÷7=☐

79.1÷7=☐

7.91÷7=☐

5
896÷8=☐

89.6÷8=☐

8.96÷8=☐

6
685÷5=☐

68.5÷5=☐

6.85÷5=☐

7
832÷4=☐

83.2÷4=☐

8.32÷4=☐

8
756÷6=☐

75.6÷6=☐

7.56÷6=☐

⏰ ☐ 안에 알맞은 수를 써넣으시오. (9 ~ 16)

9

$276 \div 2 = \boxed{}$

$27.6 \div 2 = \boxed{}$

$2.76 \div 2 = \boxed{}$

10

$561 \div 3 = \boxed{}$

$56.1 \div 3 = \boxed{}$

$5.61 \div 3 = \boxed{}$

11

$678 \div 6 = \boxed{}$

$67.8 \div 6 = \boxed{}$

$6.78 \div 6 = \boxed{}$

12

$756 \div 7 = \boxed{}$

$75.6 \div 7 = \boxed{}$

$7.56 \div 7 = \boxed{}$

13

$992 \div 8 = \boxed{}$

$99.2 \div 8 = \boxed{}$

$9.92 \div 8 = \boxed{}$

14

$945 \div 9 = \boxed{}$

$94.5 \div 9 = \boxed{}$

$9.45 \div 9 = \boxed{}$

15

$726 \div 3 = \boxed{}$

$72.6 \div 3 = \boxed{}$

$7.26 \div 3 = \boxed{}$

16

$931 \div 7 = \boxed{}$

$93.1 \div 7 = \boxed{}$

$9.31 \div 7 = \boxed{}$

2 각 자리에서 나누어떨어지지 않는 (소수)÷(자연수)(1)

학습 날짜
월
일

방법① 분수의 나눗셈으로 고쳐서 계산합니다.

$$4.68 \div 3 = \frac{468}{100} \div 3 = \frac{468 \div 3}{100} = \frac{156}{100} = 1.56$$

방법② 자연수의 나눗셈과 같은 방법으로 계산하고 몫의 소수점은 나누어지는 수의 소수점 자리에 맞추어 찍습니다.

```
    156            1.56
3)468     ⇒    3)4.68
  3              3
  16             1 6
  15             1 5
   18             18
   18             18
    0              0
```

🕐 □ 안에 알맞은 수를 써넣으시오. (1~4)

1 9.5는 0.1이 □개이고, 9.5÷5는 0.1이 □÷5=□(개)이므로
9.5÷5=□입니다.

2 13.8은 0.1이 □개이고, 13.8÷6은 0.1이 □÷6=□(개)이므로
13.8÷6=□입니다.

3 6.12는 0.01이 □개이고, 6.12÷4는 0.01이 □÷4=□(개)이므로
6.12÷4=□입니다.

4 4.17은 0.01이 □개이고, 4.17÷3은 0.01이 □÷3=□(개)이므로
4.17÷3=□입니다.

⏰ ☐ 안에 알맞은 수를 써넣으시오. (5 ~ 12)

5

$$48 \div 3 = \boxed{}$$

$\frac{1}{10}$배 ↓　　　↓ $\boxed{}$배

$$4.8 \div 3 = \boxed{}$$

6
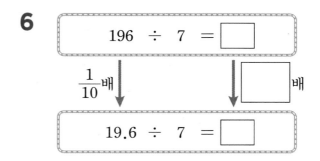

$$196 \div 7 = \boxed{}$$

$\frac{1}{10}$배 ↓　　　↓ $\boxed{}$배

$$19.6 \div 7 = \boxed{}$$

7
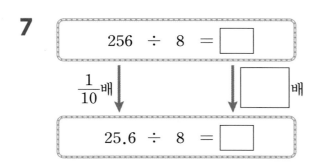

$$256 \div 8 = \boxed{}$$

$\frac{1}{10}$배 ↓　　　↓ $\boxed{}$배

$$25.6 \div 8 = \boxed{}$$

8
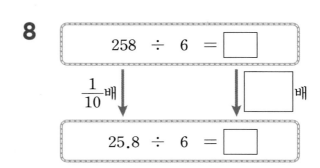

$$258 \div 6 = \boxed{}$$

$\frac{1}{10}$배 ↓　　　↓ $\boxed{}$배

$$25.8 \div 6 = \boxed{}$$

9
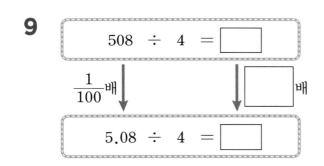

$$508 \div 4 = \boxed{}$$

$\frac{1}{100}$배 ↓　　　↓ $\boxed{}$배

$$5.08 \div 4 = \boxed{}$$

10
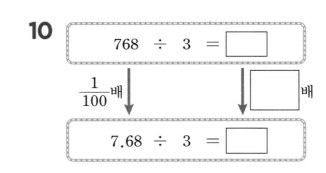

$$768 \div 3 = \boxed{}$$

$\frac{1}{100}$배 ↓　　　↓ $\boxed{}$배

$$7.68 \div 3 = \boxed{}$$

11
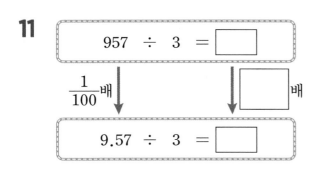

$$957 \div 3 = \boxed{}$$

$\frac{1}{100}$배 ↓　　　↓ $\boxed{}$배

$$9.57 \div 3 = \boxed{}$$

12
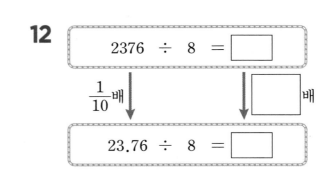

$$2376 \div 8 = \boxed{}$$

$\frac{1}{10}$배 ↓　　　↓ $\boxed{}$배

$$23.76 \div 8 = \boxed{}$$

2 각 자리에서 나누어떨어지지 않는 (소수)÷(자연수)(2)

⏰ □ 안에 알맞은 수를 써넣으시오. (1~7)

1 $22.8 \div 4 = \dfrac{\boxed{}}{10} \div 4 = \dfrac{\boxed{} \div 4}{10} = \dfrac{\boxed{}}{10} = \boxed{}$

2 $30.8 \div 7 = \dfrac{\boxed{}}{10} \div 7 = \dfrac{\boxed{} \div 7}{10} = \dfrac{\boxed{}}{10} = \boxed{}$

3 $48.6 \div 9 = \dfrac{\boxed{}}{10} \div 9 = \dfrac{\boxed{} \div 9}{10} = \dfrac{\boxed{}}{10} = \boxed{}$

4 $7.44 \div 3 = \dfrac{\boxed{}}{100} \div 3 = \dfrac{\boxed{} \div 3}{100} = \dfrac{\boxed{}}{100} = \boxed{}$

5 $9.52 \div 2 = \dfrac{\boxed{}}{100} \div 2 = \dfrac{\boxed{} \div 2}{100} = \dfrac{\boxed{}}{100} = \boxed{}$

6 $17.28 \div 8 = \dfrac{\boxed{}}{100} \div 8 = \dfrac{\boxed{} \div 8}{100} = \dfrac{\boxed{}}{100} = \boxed{}$

7 $18.84 \div 12 = \dfrac{\boxed{}}{100} \div 12 = \dfrac{\boxed{} \div 12}{100} = \dfrac{\boxed{}}{100} = \boxed{}$

⏰ 계산을 하시오. (8~23)

8 $14.1 \div 3$

9 $23.2 \div 4$

10 $22.4 \div 7$

11 $18.4 \div 8$

12 $42.3 \div 9$

13 $49.2 \div 6$

14 $63.8 \div 11$

15 $54.6 \div 13$

16 $11.06 \div 7$

17 $11.75 \div 5$

18 $25.12 \div 8$

19 $31.56 \div 6$

20 $49.36 \div 8$

21 $29.28 \div 4$

22 $25.56 \div 12$

23 $65.16 \div 18$

학습 날짜

월   일

⏰ □ 안에 알맞은 수를 써넣으시오. (1~6)

1

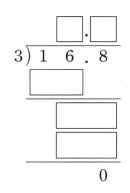

2

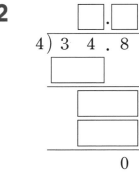

3

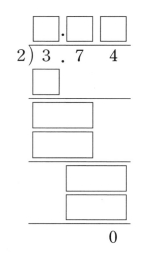

4

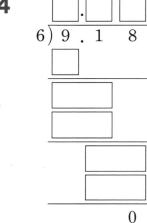

5

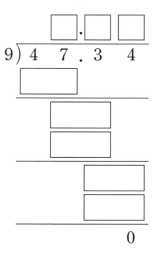

6

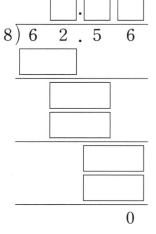

걸린 시간	1~8분	8~12분	12~16분
맞은 개수	19~21개	15~18개	1~14개
평가	참 잘했어요.	잘했어요.	좀더 노력해요.

계산을 하시오. (7 ~ 21)

7 $4\overline{)11.6}$

8 $5\overline{)19.5}$

9 $7\overline{)23.1}$

10 $6\overline{)7.68}$

11 $8\overline{)25.68}$

12 $4\overline{)36.92}$

13 $9\overline{)65.34}$

14 $3\overline{)26.91}$

15 $8\overline{)72.96}$

16 $5\overline{)31.35}$

17 $7\overline{)48.86}$

18 $9\overline{)47.43}$

19 $13\overline{)47.45}$

20 $18\overline{)95.76}$

21 $24\overline{)119.28}$

2 각 자리에서 나누어떨어지지 않는 (소수)÷(자연수)(4)

⏰ 빈 곳에 알맞은 수를 써넣으시오. (1~10)

1

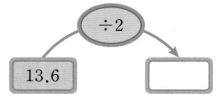

13.6 　÷2 　□

2

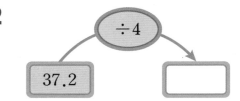

37.2 　÷4 　□

3

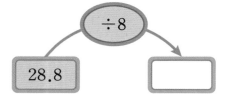

28.8 　÷8 　□

4

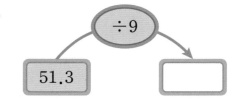

51.3 　÷9 　□

5

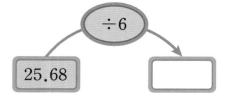

25.68 　÷6 　□

6

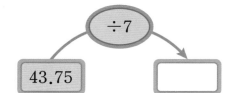

43.75 　÷7 　□

7

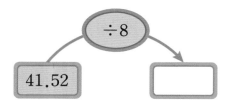

41.52 　÷8 　□

8

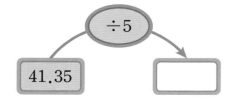

41.35 　÷5 　□

9

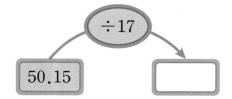

50.15 　÷17 　□

10

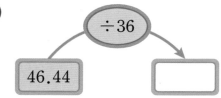

46.44 　÷36 　□

계산은 빠르고 정확하게!

걸린 시간	1~8분	8~12분	12~16분
맞은 개수	17~18개	13~16개	1~12개
평가	참 잘했어요.	잘했어요.	좀더 노력해요.

⏰ □ 안에 알맞은 수를 써넣으시오. (11~18)

11

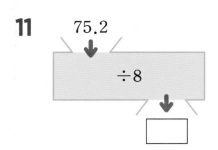
75.2
÷8

12

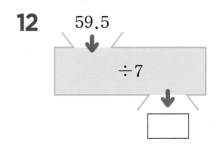
59.5
÷7

13

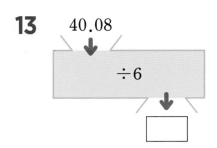
40.08
÷6

14

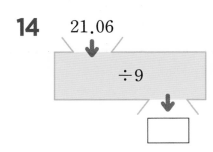
21.06
÷9

15

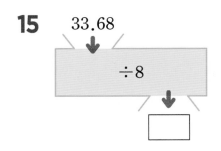
33.68
÷8

16

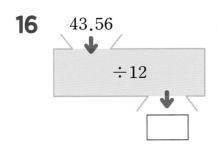
43.56
÷12

17

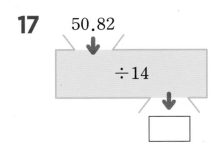
50.82
÷14

18

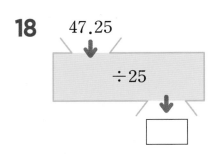
47.25
÷25

3 몫이 1보다 작은 (소수)÷(자연수)(1)

방법① 분수의 나눗셈으로 고쳐서 계산합니다.

$$5.76 \div 8 = \frac{576}{100} \div 8 = \frac{576 \div 8}{100} = \frac{72}{100} = 0.72$$

방법② 나누어지는 수의 자연수 부분이 나누는 수보다 작은 경우에는 몫의 일의 자리에 0을 쓰고 소수점을 찍은 다음 자연수의 나눗셈과 같이 계산합니다.

$$
\begin{array}{r}
72 \\
8 \overline{)576} \\
56 \\
\hline
16 \\
16 \\
\hline
0
\end{array}
\quad \Rightarrow \quad
\begin{array}{r}
0.72 \\
8 \overline{)5.76} \\
5\ 6 \\
\hline
16 \\
16 \\
\hline
0
\end{array}
$$

⏰ ☐ 안에 알맞은 수를 써넣으시오. (1~4)

1 6.3은 0.1이 ☐개이고, 6.3 ÷ 7은 0.1이 ☐ ÷ 7 = ☐(개)이므로

6.3 ÷ 7 = ☐입니다.

2 2.52는 0.01이 ☐개이고, 2.52 ÷ 3은 0.01이 ☐ ÷ 3 = ☐(개)이므로

2.52 ÷ 3 = ☐입니다.

3 3.24는 0.01이 ☐개이고, 3.24 ÷ 6은 0.01이 ☐ ÷ 6 = ☐(개)이므로

3.24 ÷ 6 = ☐입니다.

4 6.75는 0.01이 ☐개이고, 6.75 ÷ 9는 0.01이 ☐ ÷ 9 = ☐(개)이므로

6.75 ÷ 9 = ☐입니다.

⏰ ☐ 안에 알맞은 수를 써넣으시오. (5 ~ 12)

5
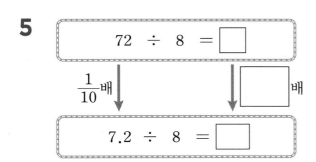

$72 \div 8 = \boxed{}$

$\frac{1}{10}$배 $\downarrow$　$\downarrow$ $\boxed{}$배

$7.2 \div 8 = \boxed{}$

6
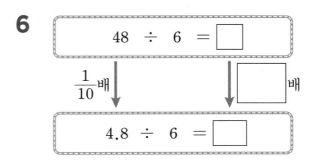

$48 \div 6 = \boxed{}$

$\frac{1}{10}$배 $\downarrow$　$\downarrow$ $\boxed{}$배

$4.8 \div 6 = \boxed{}$

7
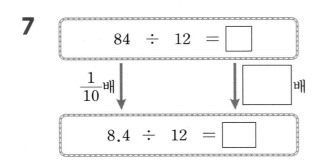

$84 \div 12 = \boxed{}$

$\frac{1}{10}$배 $\downarrow$　$\downarrow$ $\boxed{}$배

$8.4 \div 12 = \boxed{}$

8
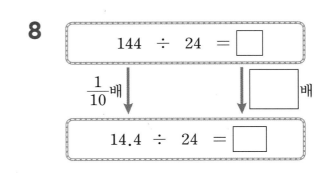

$144 \div 24 = \boxed{}$

$\frac{1}{10}$배 $\downarrow$　$\downarrow$ $\boxed{}$배

$14.4 \div 24 = \boxed{}$

9
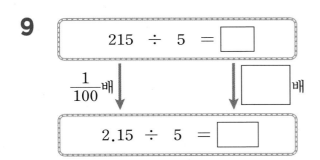

$215 \div 5 = \boxed{}$

$\frac{1}{100}$배 $\downarrow$　$\downarrow$ $\boxed{}$배

$2.15 \div 5 = \boxed{}$

10
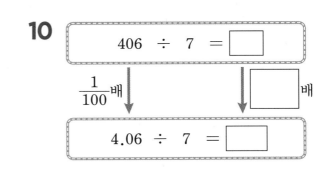

$406 \div 7 = \boxed{}$

$\frac{1}{100}$배 $\downarrow$　$\downarrow$ $\boxed{}$배

$4.06 \div 7 = \boxed{}$

11
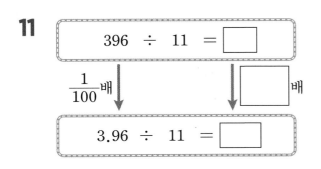

$396 \div 11 = \boxed{}$

$\frac{1}{100}$배 $\downarrow$　$\downarrow$ $\boxed{}$배

$3.96 \div 11 = \boxed{}$

12
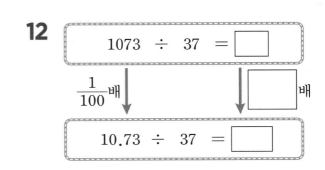

$1073 \div 37 = \boxed{}$

$\frac{1}{100}$배 $\downarrow$　$\downarrow$ $\boxed{}$배

$10.73 \div 37 = \boxed{}$

3 몫이 1보다 작은 (소수)÷(자연수)(2)

⏰ □ 안에 알맞은 수를 써넣으시오. (1~7)

1 $6.3 \div 9 = \dfrac{\boxed{}}{10} \div 9 = \dfrac{\boxed{} \div 9}{10} = \dfrac{\boxed{}}{10} = \boxed{}$

2 $6.4 \div 8 = \dfrac{\boxed{}}{10} \div 8 = \dfrac{\boxed{} \div 8}{10} = \dfrac{\boxed{}}{10} = \boxed{}$

3 $3.48 \div 6 = \dfrac{\boxed{}}{100} \div 6 = \dfrac{\boxed{} \div 6}{100} = \dfrac{\boxed{}}{100} = \boxed{}$

4 $6.37 \div 7 = \dfrac{\boxed{}}{100} \div 7 = \dfrac{\boxed{} \div 7}{100} = \dfrac{\boxed{}}{100} = \boxed{}$

5 $6.96 \div 8 = \dfrac{\boxed{}}{100} \div 8 = \dfrac{\boxed{} \div 8}{100} = \dfrac{\boxed{}}{100} = \boxed{}$

6 $9.38 \div 14 = \dfrac{\boxed{}}{100} \div 14 = \dfrac{\boxed{} \div 14}{100} = \dfrac{\boxed{}}{100} = \boxed{}$

7 $25.92 \div 27 = \dfrac{\boxed{}}{100} \div 27 = \dfrac{\boxed{} \div 27}{100} = \dfrac{\boxed{}}{100} = \boxed{}$

걸린 시간	1~10분	10~15분	15~20분
맞은 개수	21~23개	17~20개	1~16개
평가	참 잘했어요.	잘했어요.	좀더 노력해요.

계산을 하시오. (8 ~ 23)

8 $4.2 \div 6$

9 $8.1 \div 9$

10 $3.36 \div 8$

11 $1.82 \div 7$

12 $5.25 \div 7$

13 $5.78 \div 17$

14 $2.45 \div 5$

15 $7.44 \div 24$

16 $6.12 \div 18$

17 $17.1 \div 19$

18 $3.64 \div 14$

19 $20.8 \div 26$

20 $6.45 \div 15$

21 $17.28 \div 18$

22 $10.35 \div 23$

23 $28.56 \div 42$

⏰ □ 안에 알맞은 수를 써넣으시오. (1~6)

1
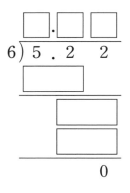

```
    □.□□
 6)5.2 2
  ┌────┐
  │    │
  └────┘
     ┌────┐
     │    │
     └────┘
     ┌────┐
     │    │
     └────┘
        0
```

2

```
    □.□□
 8)7.7 6
  ┌────┐
  │    │
  └────┘
     ┌────┐
     │    │
     └────┘
     ┌────┐
     │    │
     └────┘
        0
```

3

```
     □.□□
 12)5.6 4
   ┌────┐
   │    │
   └────┘
      ┌────┐
      │    │
      └────┘
      ┌────┐
      │    │
      └────┘
         0
```

4
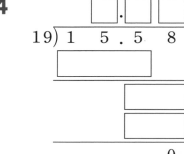

```
      □.□□
 19)1 5.5 8
   ┌──────┐
   │      │
   └──────┘
        ┌────┐
        │    │
        └────┘
        ┌────┐
        │    │
        └────┘
           0
```

5
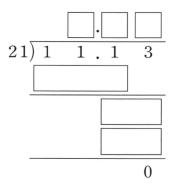

```
       □.□□
 21)1 1.1 3
   ┌──────┐
   │      │
   └──────┘
        ┌────┐
        │    │
        └────┘
        ┌────┐
        │    │
        └────┘
           0
```

6
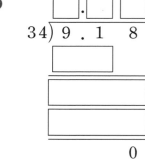

```
      □.□□
 34)9.1 8
   ┌──────┐
   │      │
   └──────┘
      ┌────┐
      │    │
      └────┘
      ┌────┐
      │    │
      └────┘
         0
```

걸린 시간	1~8분	8~12분	12~16분
맞은 개수	19~21개	15~18개	1~14개
평가	참 잘했어요.	잘했어요.	좀더 노력해요.

계산을 하시오. (7 ~ 21)

7 $5\overline{)4.5}$

8 $6\overline{)4.8}$

9 $9\overline{)5.4}$

10 $4\overline{)1.56}$

11 $8\overline{)6.08}$

12 $7\overline{)2.52}$

13 $5\overline{)3.25}$

14 $9\overline{)4.32}$

15 $8\overline{)7.92}$

16 $11\overline{)9.35}$

17 $14\overline{)3.78}$

18 $21\overline{)15.75}$

19 $28\overline{)27.16}$

20 $17\overline{)4.76}$

21 $36\overline{)17.28}$

몫이 1보다 작은 (소수)÷(자연수)(4)

⏰ 빈 곳에 알맞은 수를 써넣으시오. (1~10)

1

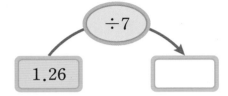

1.26 ÷7

2

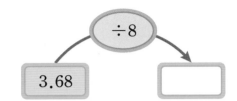

3.68 ÷8

3

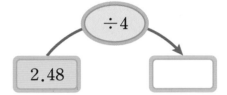

2.48 ÷4

4

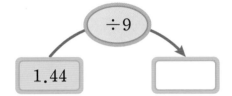

1.44 ÷9

5

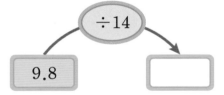

9.8 ÷14

6

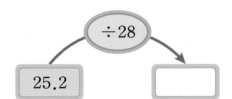

25.2 ÷28

7

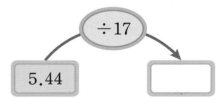

5.44 ÷17

8

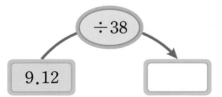

9.12 ÷38

9

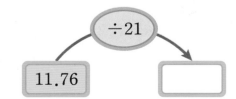

11.76 ÷21

10

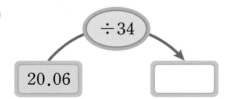

20.06 ÷34

계산은 빠르고 정확하게!

걸린 시간	1~7분	7~10분	10~15분
맞은 개수	17~18개	13~16개	1~12개
평가	참 잘했어요.	잘했어요.	좀더 노력해요.

⏰ □ 안에 알맞은 수를 써넣으시오. (11 ~ 18)

11
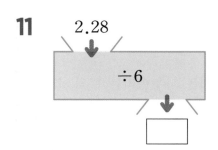

12
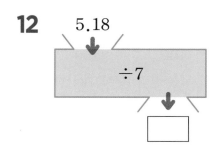

13
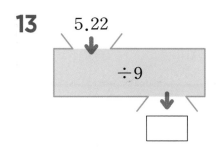

14
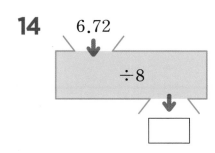

15
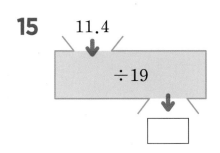

16
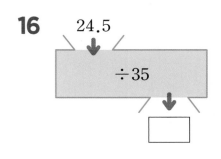

17
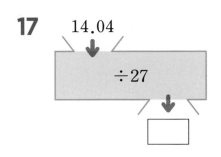

18
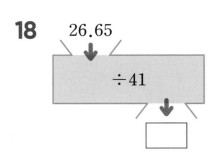

4 소수점 아래 0을 내려 계산하는 (소수)÷(자연수)(1)

방법 ① 분수의 나눗셈으로 고쳐서 계산합니다.

$$9.4 \div 4 = \frac{940}{100} \div 4 = \frac{940 \div 4}{100} = \frac{235}{100} = 2.35$$

방법 ② 자연수의 나눗셈과 같이 계산하고 나누어떨어지지 않을 때에는 나누어지는 수의 소수 끝자리 아래에 0이 계속 있는 것으로 생각하여 계산합니다.

$$
\begin{array}{r} 2 \\ 4\overline{)9.4} \\ \underline{8} \\ 1 \end{array}
\Rightarrow
\begin{array}{r} 2.3 \\ 4\overline{)9.4} \\ \underline{8} \\ 1\ 4 \\ \underline{1\ 2} \\ 2 \end{array}
\Rightarrow
\begin{array}{r} 2.35 \\ 4\overline{)9.40} \\ \underline{8} \\ 1\ 4 \\ \underline{1\ 2} \\ 2\ 0 \\ \underline{2\ 0} \\ 0 \end{array}
$$

🕐 주어진 식을 이용하여 □ 안에 알맞은 수를 써넣으시오. (1~6)

1

$290 \div 2 = 145$

➡ $2.9 \div 2 = $ □

2

$540 \div 4 = 135$

➡ $5.4 \div 4 = $ □

3

$750 \div 6 = 125$

➡ $7.5 \div 6 = $ □

4

$620 \div 5 = 124$

➡ $6.2 \div 5 = $ □

5

$710 \div 5 = 142$

➡ $7.1 \div 5 = $ □

6

$920 \div 8 = 115$

➡ $9.2 \div 8 = $ □

계산은 빠르고 정확하게!

걸린 시간	1~6분	6~9분	9~12분
맞은 개수	13~14개	10~12개	1~9개
평가	참 잘했어요.	잘했어요.	좀더 노력해요.

⏰ ☐ 안에 알맞은 수를 써넣으시오. (7~14)

7
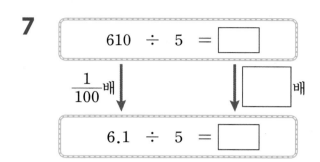
$$610 \div 5 = \boxed{}$$
$\frac{1}{100}$배 ↓   ↓ $\boxed{}$ 배
$$6.1 \div 5 = \boxed{}$$

8
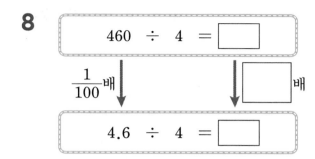
$$460 \div 4 = \boxed{}$$
$\frac{1}{100}$배 ↓   ↓ $\boxed{}$ 배
$$4.6 \div 4 = \boxed{}$$

9
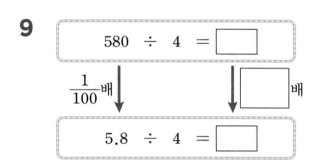
$$580 \div 4 = \boxed{}$$
$\frac{1}{100}$배 ↓   ↓ $\boxed{}$ 배
$$5.8 \div 4 = \boxed{}$$

10
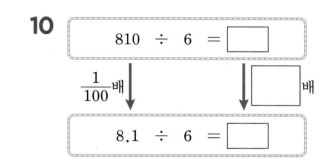
$$810 \div 6 = \boxed{}$$
$\frac{1}{100}$배 ↓   ↓ $\boxed{}$ 배
$$8.1 \div 6 = \boxed{}$$

11
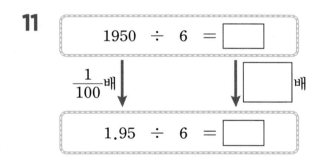
$$1950 \div 6 = \boxed{}$$
$\frac{1}{100}$배 ↓   ↓ $\boxed{}$ 배
$$1.95 \div 6 = \boxed{}$$

12
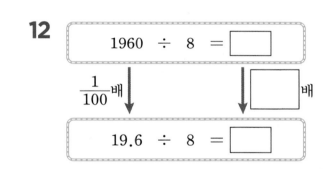
$$1960 \div 8 = \boxed{}$$
$\frac{1}{100}$배 ↓   ↓ $\boxed{}$ 배
$$19.6 \div 8 = \boxed{}$$

13
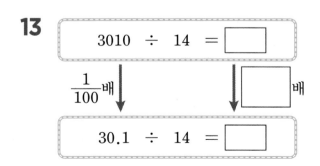
$$3010 \div 14 = \boxed{}$$
$\frac{1}{100}$배 ↓   ↓ $\boxed{}$ 배
$$30.1 \div 14 = \boxed{}$$

14
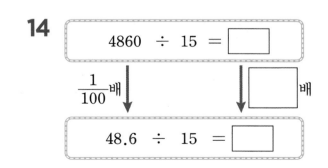
$$4860 \div 15 = \boxed{}$$
$\frac{1}{100}$배 ↓   ↓ $\boxed{}$ 배
$$48.6 \div 15 = \boxed{}$$

⏰ □ 안에 알맞은 수를 써넣으시오. **(1~7)**

1 $8.3 \div 2 = \dfrac{\boxed{}}{100} \div 2 = \dfrac{\boxed{} \div 2}{100} = \dfrac{\boxed{}}{100} = \boxed{}$

2 $6.6 \div 4 = \dfrac{\boxed{}}{100} \div 4 = \dfrac{\boxed{} \div 4}{100} = \dfrac{\boxed{}}{100} = \boxed{}$

3 $14.1 \div 5 = \dfrac{\boxed{}}{100} \div 5 = \dfrac{\boxed{} \div 5}{100} = \dfrac{\boxed{}}{100} = \boxed{}$

4 $11.6 \div 8 = \dfrac{\boxed{}}{100} \div 8 = \dfrac{\boxed{} \div 8}{100} = \dfrac{\boxed{}}{100} = \boxed{}$

5 $16.5 \div 6 = \dfrac{\boxed{}}{100} \div 6 = \dfrac{\boxed{} \div 6}{100} = \dfrac{\boxed{}}{100} = \boxed{}$

6 $20.1 \div 15 = \dfrac{\boxed{}}{100} \div 15 = \dfrac{\boxed{} \div 15}{100} = \dfrac{\boxed{}}{100} = \boxed{}$

7 $25.8 \div 12 = \dfrac{\boxed{}}{100} \div 12 = \dfrac{\boxed{} \div 12}{100} = \dfrac{\boxed{}}{100} = \boxed{}$

⏰ 계산을 하시오. (8 ~ 23)

8 $8.6 \div 4$

9 $3.3 \div 2$

10 $14.8 \div 8$

11 $5.8 \div 5$

12 $29.1 \div 6$

13 $43.6 \div 8$

14 $12.2 \div 5$

15 $8.6 \div 5$

16 $32.1 \div 15$

17 $16.2 \div 12$

18 $44.1 \div 14$

19 $42.4 \div 16$

20 $37.1 \div 14$

21 $5.4 \div 36$

22 $68.6 \div 28$

23 $174.6 \div 45$

4 소수점 아래 0을 내려 계산하는 (소수)÷(자연수)(3)

⏰ □ 안에 알맞은 수를 써넣으시오. (1~6)

1

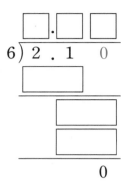

2

3

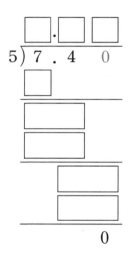

4

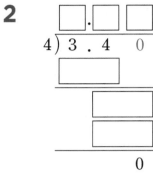

5

6

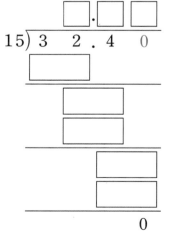

걸린 시간	1~10분	10~15분	15~20분
맞은 개수	19~21개	15~18개	1~14개
평가	참 잘했어요.	잘했어요.	좀더 노력해요.

계산을 하시오. (7 ~ 21)

7 $4\overline{)2.6}$

8 $8\overline{)2.8}$

9 $5\overline{)6.4}$

10 $6\overline{)8.1}$

11 $2\overline{)17.5}$

12 $4\overline{)24.6}$

13 $8\overline{)18.8}$

14 $4\overline{)7.8}$

15 $5\overline{)23.6}$

16 $12\overline{)22.2}$

17 $18\overline{)38.7}$

18 $14\overline{)51.1}$

19 $22\overline{)31.9}$

20 $25\overline{)80.5}$

21 $38\overline{)165.3}$

4 소수점 아래 0을 내려 계산하는 (소수)÷(자연수)(4)

⏰ 빈 곳에 알맞은 수를 써넣으시오. (1~10)

1
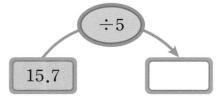
÷5
15.7 →

2
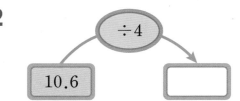
÷4
10.6 →

3
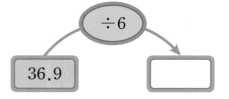
÷6
36.9 →

4
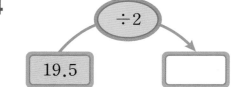
÷2
19.5 →

5
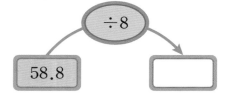
÷8
58.8 →

6
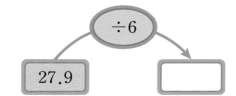
÷6
27.9 →

7
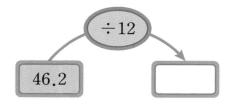
÷12
46.2 →

8
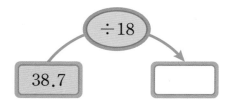
÷18
38.7 →

9
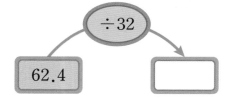
÷32
62.4 →

10
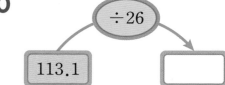
÷26
113.1 →

계산은 빠르고 정확하게!

걸린 시간	1~8분	8~12분	12~16분
맞은 개수	17~18개	13~16개	1~12개
평가	참 잘했어요.	잘했어요.	좀더 노력해요.

⏰ □ 안에 알맞은 수를 써넣으시오. (11~18)

11
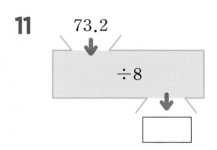
73.2
÷8

12
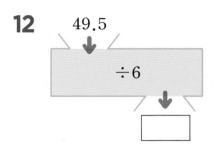
49.5
÷6

13
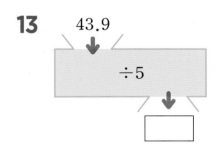
43.9
÷5

14
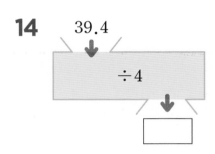
39.4
÷4

15
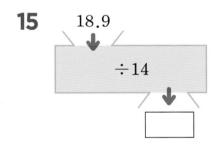
18.9
÷14

16
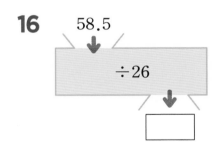
58.5
÷26

17
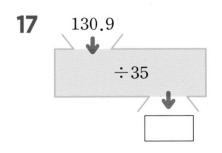
130.9
÷35

18
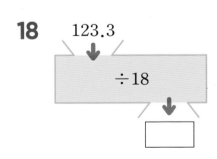
123.3
÷18

방법 ① 분수의 나눗셈으로 고쳐서 계산합니다.

$$3.15 \div 3 = \frac{315}{100} \div 3 = \frac{315 \div 3}{100} = \frac{105}{100} = 1.05$$

방법 ② 나누어지는 수의 소수 첫째 자리 숫자가 나누는 수보다 작은 경우에는 몫의 소수 첫째 자리에 0을 쓰고 다음 자리의 수를 내려서 계산합니다.

$$
\begin{array}{r} 1 \\ 3\overline{)3.15} \\ 3 \end{array}
\Rightarrow
\begin{array}{r} 1.0 \\ 3\overline{)3.15} \\ 3 \\ \hline 1 \end{array}
\Rightarrow
\begin{array}{r} 1.05 \\ 3\overline{)3.15} \\ 3 \\ \hline 15 \\ 15 \\ \hline 0 \end{array}
$$

⏰ 주어진 식을 이용하여 □ 안에 알맞은 수를 써넣으시오. (1~6)

1
$$816 \div 4 = 204$$

➡ $8.16 \div 4 = $ ☐

2
$$545 \div 5 = 109$$

➡ $5.45 \div 5 = $ ☐

3
$$2156 \div 7 = 308$$

➡ $21.56 \div 7 = $ ☐

4
$$1224 \div 6 = 204$$

➡ $12.24 \div 6 = $ ☐

5
$$2712 \div 3 = 904$$

➡ $27.12 \div 3 = $ ☐

6
$$4056 \div 8 = 507$$

➡ $40.56 \div 8 = $ ☐

계산은 빠르고 정확하게!

걸린 시간	1~5분	5~7분	7~10분
맞은 개수	13~14개	10~12개	1~9개
평가	참 잘했어요.	잘했어요.	좀더 노력해요.

⏰ ☐ 안에 알맞은 수를 써넣으시오. (7~14)

7
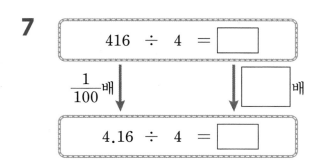

$416 \div 4 = \boxed{}$

$\frac{1}{100}$배 ↓　↓ $\boxed{}$배

$4.16 \div 4 = \boxed{}$

8
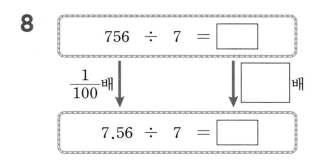

$756 \div 7 = \boxed{}$

$\frac{1}{100}$배 ↓　↓ $\boxed{}$배

$7.56 \div 7 = \boxed{}$

9
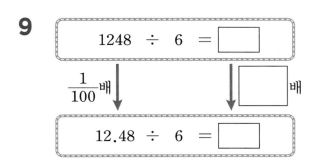

$1248 \div 6 = \boxed{}$

$\frac{1}{100}$배 ↓　↓ $\boxed{}$배

$12.48 \div 6 = \boxed{}$

10
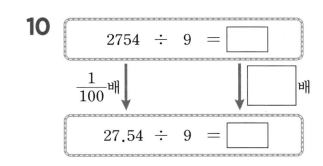

$2754 \div 9 = \boxed{}$

$\frac{1}{100}$배 ↓　↓ $\boxed{}$배

$27.54 \div 9 = \boxed{}$

11
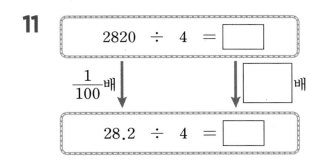

$2820 \div 4 = \boxed{}$

$\frac{1}{100}$배 ↓　↓ $\boxed{}$배

$28.2 \div 4 = \boxed{}$

12
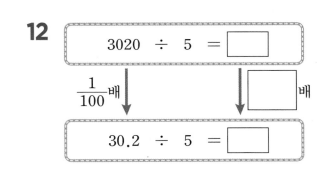

$3020 \div 5 = \boxed{}$

$\frac{1}{100}$배 ↓　↓ $\boxed{}$배

$30.2 \div 5 = \boxed{}$

13
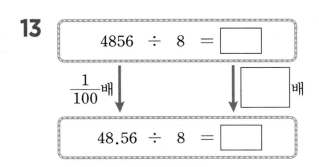

$4856 \div 8 = \boxed{}$

$\frac{1}{100}$배 ↓　↓ $\boxed{}$배

$48.56 \div 8 = \boxed{}$

14
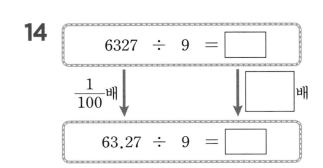

$6327 \div 9 = \boxed{}$

$\frac{1}{100}$배 ↓　↓ $\boxed{}$배

$63.27 \div 9 = \boxed{}$

⏰ □ 안에 알맞은 수를 써넣으시오. (1~7)

1 $18.16 \div 2 = \dfrac{\boxed{}}{100} \div 2 = \dfrac{\boxed{} \div 2}{100} = \dfrac{\boxed{}}{100} = \boxed{}$

2 $24.12 \div 6 = \dfrac{\boxed{}}{100} \div 6 = \dfrac{\boxed{} \div 6}{100} = \dfrac{\boxed{}}{100} = \boxed{}$

3 $21.63 \div 7 = \dfrac{\boxed{}}{100} \div 7 = \dfrac{\boxed{} \div 7}{100} = \dfrac{\boxed{}}{100} = \boxed{}$

4 $45.45 \div 9 = \dfrac{\boxed{}}{100} \div 9 = \dfrac{\boxed{} \div 9}{100} = \dfrac{\boxed{}}{100} = \boxed{}$

5 $35.4 \div 5 = \dfrac{\boxed{}}{100} \div 5 = \dfrac{\boxed{} \div 5}{100} = \dfrac{\boxed{}}{100} = \boxed{}$

6 $36.48 \div 12 = \dfrac{\boxed{}}{100} \div 12 = \dfrac{\boxed{} \div 12}{100} = \dfrac{\boxed{}}{100} = \boxed{}$

7 $61.05 \div 15 = \dfrac{\boxed{}}{100} \div 15 = \dfrac{\boxed{} \div 15}{100} = \dfrac{\boxed{}}{100} = \boxed{}$

⏰ 계산을 하시오. (8~23)

8 $9.18 \div 3$

9 $6.12 \div 6$

10 $32.16 \div 8$

11 $21.42 \div 7$

12 $20.3 \div 5$

13 $36.3 \div 6$

14 $36.81 \div 9$

15 $36.12 \div 4$

16 $33.77 \div 11$

17 $52.13 \div 13$

18 $34.68 \div 17$

19 $43.68 \div 21$

20 $37.8 \div 36$

21 $51.5 \div 25$

22 $58.71 \div 19$

23 $97.68 \div 24$

5 몫의 소수 첫째 자리에 0이 있는 (소수)÷(자연수)(3)

⏰ □ 안에 알맞은 수를 써넣으시오. (1~6)

1

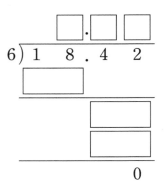

2

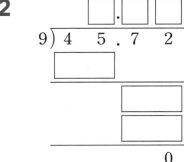

3

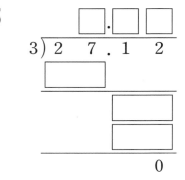

4

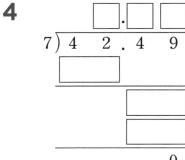

5

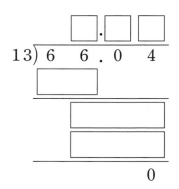

6

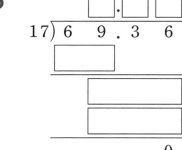

걸린 시간	1~6분	6~9분	9~12분
맞은 개수	19~21개	15~18개	1~14개
평가	참 잘했어요.	잘했어요.	좀더 노력해요.

계산을 하시오. (7 ~ 21)

7 $2\overline{)16.08}$

8 $4\overline{)20.36}$

9 $9\overline{)18.27}$

10 $8\overline{)64.4}$

11 $5\overline{)35.4}$

12 $4\overline{)28.2}$

13 $11\overline{)44.33}$

14 $12\overline{)72.24}$

15 $15\overline{)45.6}$

16 $22\overline{)88.22}$

17 $31\overline{)156.24}$

18 $27\overline{)163.35}$

19 $36\overline{)39.24}$

20 $17\overline{)86.36}$

21 $15\overline{)76.05}$

⏰ 빈 곳에 알맞은 수를 써넣으시오. (1~10)

1
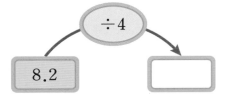

8.2　÷4

2
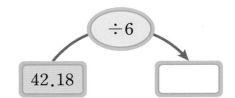

42.18　÷6

3
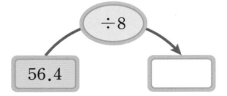

56.4　÷8

4
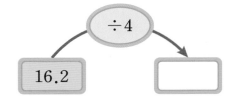

16.2　÷4

5
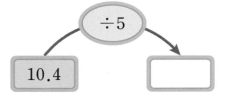

10.4　÷5

6
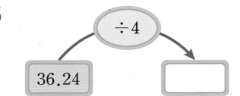

36.24　÷4

7
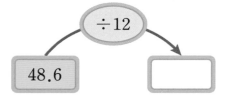

48.6　÷12

8
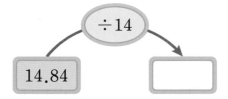

14.84　÷14

9
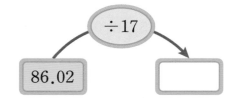

86.02　÷17

10
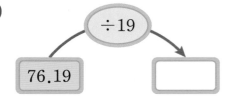

76.19　÷19

계산은 빠르고 정확하게!

걸린 시간	1~6분	6~9분	9~12분
맞은 개수	17~18개	13~16개	1~12개
평가	참 잘했어요.	잘했어요.	좀더 노력해요.

⏰ ☐ 안에 알맞은 수를 써넣으시오. (11 ~ 18)

11
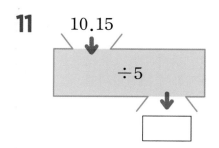
10.15 ÷5

12
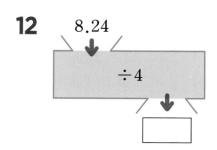
8.24 ÷4

13
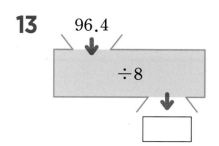
96.4 ÷8

14
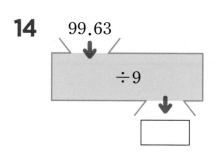
99.63 ÷9

15
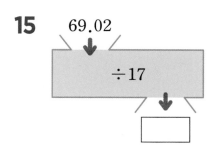
69.02 ÷17

16
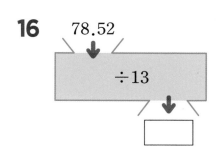
78.52 ÷13

17
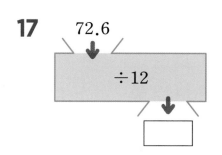
72.6 ÷12

18
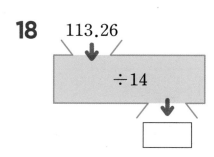
113.26 ÷14

6 (자연수)÷(자연수)(1)

방법 ① 분수로 고쳐서 계산합니다.

$$5÷4=\frac{5}{4}=\frac{5×25}{4×25}=\frac{125}{100}=1.25$$

방법 ② 나누어지는 수의 소수 끝자리 아래에 0이 계속 있는 것으로 생각하여 계산합니다.

$$\begin{array}{r} 1 \\ 4\overline{)5} \\ \underline{4} \\ 1 \end{array} \quad\Rightarrow\quad \begin{array}{r} 1.2 \\ 4\overline{)5.0} \\ \underline{4} \\ 1\ 0 \\ \underline{8} \\ 2 \end{array} \quad\Rightarrow\quad \begin{array}{r} 1.25 \\ 4\overline{)5.00} \\ \underline{4} \\ 1\ 0 \\ \underline{8} \\ 20 \\ \underline{20} \\ 0 \end{array}$$

🕐 주어진 식을 이용하여 □ 안에 알맞은 수를 써넣으시오. (1~6)

1

$$170÷2=85$$

➡ $17÷2=$ ☐

2

$$370÷5=74$$

➡ $37÷5=$ ☐

3

$$2100÷4=525$$

➡ $21÷4=$ ☐

4

$$2200÷8=275$$

➡ $22÷8=$ ☐

5

$$3900÷12=325$$

➡ $39÷12=$ ☐

6

$$810÷18=45$$

➡ $81÷18=$ ☐

⏰ ☐ 안에 알맞은 수를 써넣으시오. (7 ~ 14)

7
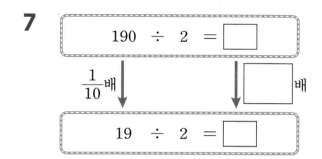

$190 \div 2 = \boxed{}$

$\frac{1}{10}$배 ↓　　↓ ☐배

$19 \div 2 = \boxed{}$

8
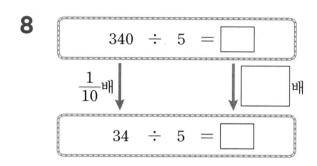

$340 \div 5 = \boxed{}$

$\frac{1}{10}$배 ↓　　↓ ☐배

$34 \div 5 = \boxed{}$

9
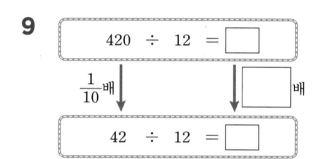

$420 \div 12 = \boxed{}$

$\frac{1}{10}$배 ↓　　↓ ☐배

$42 \div 12 = \boxed{}$

10
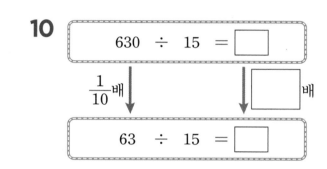

$630 \div 15 = \boxed{}$

$\frac{1}{10}$배 ↓　　↓ ☐배

$63 \div 15 = \boxed{}$

11
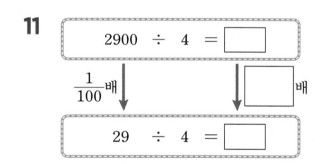

$2900 \div 4 = \boxed{}$

$\frac{1}{100}$배 ↓　　↓ ☐배

$29 \div 4 = \boxed{}$

12
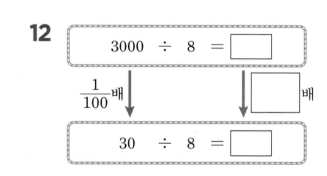

$3000 \div 8 = \boxed{}$

$\frac{1}{100}$배 ↓　　↓ ☐배

$30 \div 8 = \boxed{}$

13
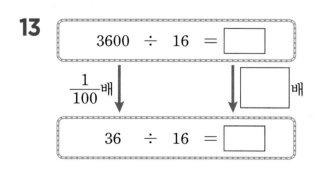

$3600 \div 16 = \boxed{}$

$\frac{1}{100}$배 ↓　　↓ ☐배

$36 \div 16 = \boxed{}$

14
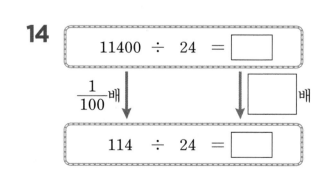

$11400 \div 24 = \boxed{}$

$\frac{1}{100}$배 ↓　　↓ ☐배

$114 \div 24 = \boxed{}$

6 (자연수)÷(자연수)(2)

학습 날짜

월 일

⏰ □ 안에 알맞은 수를 써넣으시오. (1~10)

1 $19 \div 2 = \dfrac{\boxed{}}{2} = \dfrac{\boxed{} \times 5}{2 \times 5} = \dfrac{\boxed{}}{10} = \boxed{}$

2 $21 \div 5 = \dfrac{\boxed{}}{5} = \dfrac{\boxed{} \times 2}{5 \times 2} = \dfrac{\boxed{}}{10} = \boxed{}$

3 $23 \div 5 = \dfrac{\boxed{}}{5} = \dfrac{\boxed{} \times 2}{5 \times 2} = \dfrac{\boxed{}}{10} = \boxed{}$

4 $37 \div 4 = \dfrac{\boxed{}}{4} = \dfrac{\boxed{} \times 25}{4 \times 25} = \dfrac{\boxed{}}{100} = \boxed{}$

5 $31 \div 5 = \dfrac{\boxed{}}{5} = \dfrac{\boxed{} \times 2}{5 \times 2} = \dfrac{\boxed{}}{10} = \boxed{}$

6 $73 \div 4 = \dfrac{\boxed{}}{4} = \dfrac{\boxed{} \times 25}{4 \times 25} = \dfrac{\boxed{}}{100} = \boxed{}$

7 $25 \div 4 = \dfrac{\boxed{}}{4} = \dfrac{\boxed{} \times 25}{4 \times 25} = \dfrac{\boxed{}}{100} = \boxed{}$

8 $35 \div 4 = \dfrac{\boxed{}}{4} = \dfrac{\boxed{} \times 25}{4 \times 25} = \dfrac{\boxed{}}{100} = \boxed{}$

9 $27 \div 8 = \dfrac{\boxed{}}{8} = \dfrac{\boxed{} \times 125}{8 \times 125} = \dfrac{\boxed{}}{1000} = \boxed{}$

10 $33 \div 8 = \dfrac{\boxed{}}{8} = \dfrac{\boxed{} \times 125}{8 \times 125} = \dfrac{\boxed{}}{1000} = \boxed{}$

계산은 빠르고 정확하게!

걸린 시간	1~10분	10~15분	15~20분
맞은 개수	24~26개	19~23개	1~18개
평가	참 잘했어요.	잘했어요.	좀더 노력해요.

계산을 하시오. (11 ~ 26)

11 $15 \div 2$

12 $25 \div 2$

13 $37 \div 4$

14 $34 \div 5$

15 $26 \div 8$

16 $27 \div 6$

17 $21 \div 25$

18 $30 \div 8$

19 $60 \div 16$

20 $99 \div 18$

21 $63 \div 15$

22 $84 \div 24$

23 $154 \div 28$

24 $170 \div 25$

25 $82 \div 16$

26 $180 \div 32$

(자연수)÷(자연수)(3)

⏰ ☐ 안에 알맞은 수를 써넣으시오. (1~6)

1
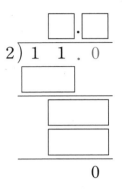

2
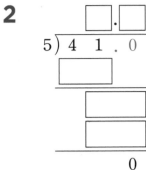

3
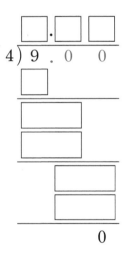

4
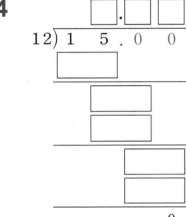

5
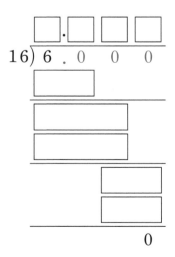

6
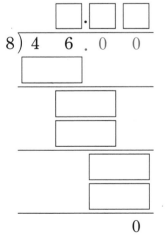

계산은 빠르고 정확하게!

걸린 시간	1~8분	8~12분	12~16분
맞은 개수	19~21개	15~18개	1~14개
평가	참 잘했어요.	잘했어요.	좀더 노력해요.

⏰ **계산을 하시오. (7 ~ 21)**

7
$2\overline{)9}$

8
$5\overline{)8}$

9
$8\overline{)11}$

10
$6\overline{)3}$

11
$20\overline{)9}$

12
$25\overline{)7}$

13
$12\overline{)15}$

14
$6\overline{)33}$

15
$6\overline{)27}$

16
$25\overline{)64}$

17
$16\overline{)72}$

18
$12\overline{)78}$

19
$8\overline{)17}$

20
$16\overline{)148}$

21
$24\overline{)117}$

6 (자연수)÷(자연수)(4)

학습 날짜

월   일

⏰ 빈 곳에 알맞은 수를 써넣으시오. (1 ~ 10)

1

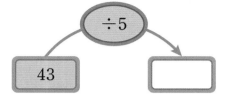

43 ÷5

2

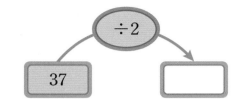

37 ÷2

3

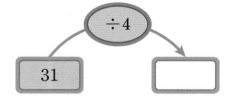

31 ÷4

4

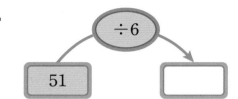

51 ÷6

5

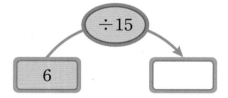

6 ÷15

6

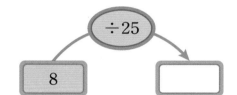

8 ÷25

7

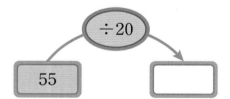

55 ÷20

8

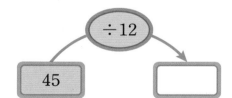

45 ÷12

9

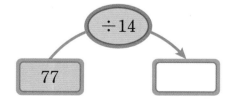

77 ÷14

10

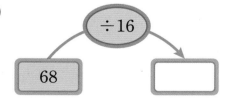

68 ÷16

계산은 빠르고 정확하게!

걸린 시간	1~7분	7~10분	10~14분
맞은 개수	17~18개	13~16개	1~12개
평가	참 잘했어요.	잘했어요.	좀더 노력해요.

□ 안에 알맞은 수를 써넣으시오. (11~18)

11
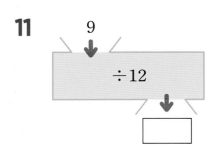
9 ÷12

12
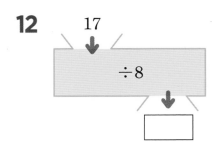
17 ÷8

13
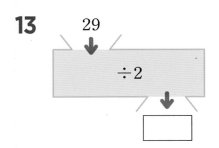
29 ÷2

14
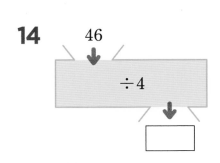
46 ÷4

15
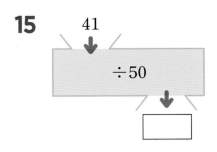
41 ÷50

16
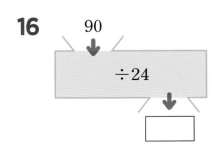
90 ÷24

17
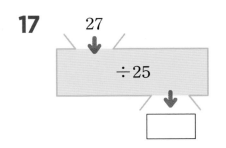
27 ÷25

18
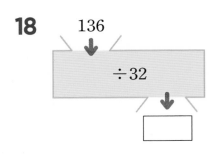
136 ÷32

7 몫을 어림하기(1)

✿ 반올림을 통한 올바른 소수점의 위치 찾기

① 24.7÷5의 몫 어림하기
- 24.7을 반올림하여 자연수로 나타내면 25입니다.
- 25÷5=5이므로 24.7÷5의 몫은 5보다 조금 작습니다.

24.7÷5=0.494	24.7÷5=4.94	24.7÷5=49.4
(×)	(○)	(×)

② 36.3÷4의 몫 어림하기
- 36.3을 소수 첫째 자리에서 반올림하면 36입니다.
- 36÷4=9이므로 36.3÷4의 몫은 9보다 조금 큽니다.

36.3÷4=9.075	36.3÷4=90.75	36.3÷4=907.5
(○)	(×)	(×)

⏰ ☐ 안에 알맞은 수를 써넣으시오. (1~4)

1 37.8÷2의 몫을 어림하려면 먼저 37.8을 반올림하여 자연수 ☐로 나타냅니다.
이때 ☐÷2=☐이므로 37.8÷2의 몫은 ☐보다 조금 작습니다.

2 71.6÷4의 몫을 어림하려면 먼저 71.6을 반올림하여 자연수 ☐로 나타냅니다.
이때 ☐÷4=☐이므로 71.6÷4의 몫은 ☐보다 조금 작습니다.

3 60.2÷5의 몫을 어림하려면 먼저 60.2를 반올림하여 자연수 ☐으로 나타냅니다.
이때 ☐÷5=☐이므로 60.2÷5의 몫은 ☐보다 조금 큽니다.

4 75.3÷3의 몫을 어림하려면 먼저 75.3을 반올림하여 자연수 ☐로 나타냅니다.
이때 ☐÷3=☐이므로 75.3÷3의 몫은 ☐보다 조금 큽니다.

보기 와 같이 소수를 소수 첫째 자리에서 반올림하여 어림한 식으로 나타내시오. (5~18)

보기

$$24.28 \div 4 \Rightarrow 24 \div 4$$

5 $27.3 \div 3 \Rightarrow ($ $)$ **6** $23.68 \div 4 \Rightarrow ($ $)$

7 $59.8 \div 5 \Rightarrow ($ $)$ **8** $30.12 \div 6 \Rightarrow ($ $)$

9 $23.7 \div 4 \Rightarrow ($ $)$ **10** $18.24 \div 6 \Rightarrow ($ $)$

11 $31.64 \div 8 \Rightarrow ($ $)$ **12** $24.95 \div 5 \Rightarrow ($ $)$

13 $24.9 \div 5 \Rightarrow ($ $)$ **14** $27.18 \div 9 \Rightarrow ($ $)$

15 $87.3 \div 3 \Rightarrow ($ $)$ **16** $65.35 \div 5 \Rightarrow ($ $)$

17 $35.7 \div 4 \Rightarrow ($ $)$ **18** $23.82 \div 3 \Rightarrow ($ $)$

7 몫을 어림하기 (2)

⏰ 어림하여 몫의 소수점의 위치를 찾아 소수점을 찍어 보시오. (1~8)

1

19.4÷4

어림 [ ] ÷ [ ] ➡ 약 [ ]

몫 4□8□5

2

18.4÷5

어림 [ ] ÷ [ ] ➡ 약 [ ]

몫 3□6□8

3

13.7÷5

어림 [ ] ÷ [ ] ➡ 약 [ ]

몫 2□7□4

4

43.2÷4

어림 [ ] ÷ [ ] ➡ 약 [ ]

몫 1□0□8

5

11.72÷4

어림 [ ] ÷ [ ] ➡ 약 [ ]

몫 2□9□3

6

77.4÷6

어림 [ ] ÷ [ ] ➡ 약 [ ]

몫 1□2□9

7

129.6÷8

어림 [ ] ÷ [ ] ➡ 약 [ ]

몫 1□6□2

8

52.56÷9

어림 [ ] ÷ [ ] ➡ 약 [ ]

몫 5□8□4

걸린 시간	1~8분	8~12분	12~16분
맞은 개수	15~16개	13~14개	1~12개
평가	참 잘했어요.	잘했어요.	좀더 노력해요.

어림하여 몫의 소수점의 위치를 찾아 소수점을 찍어 보시오. (9 ~ 16)

9 16.25÷2

어림 □÷□ ➡ 약 □

몫 8□1□2□5

10 17.85÷6

어림 □÷□ ➡ 약 □

몫 2□9□7□5

11 185.9÷5

어림 □÷□ ➡ 약 □

몫 3□7□1□8

12 49.8÷8

어림 □÷□ ➡ 약 □

몫 6□2□2□5

13 55.4÷4

어림 □÷□ ➡ 약 □

몫 1□3□8□5

14 75.74÷7

어림 □÷□ ➡ 약 □

몫 1□0□8□2

15 21.56÷8

어림 □÷□ ➡ 약 □

몫 2□6□9□5

16 98.1÷12

어림 □÷□ ➡ 약 □

몫 8□1□7□5

7 몫을 어림하기(3)

⏰ **몫을 어림해 보고 올바른 식을 찾아 ○표 하시오. (1~8)**

1

31.4÷4＝0.785   (   )

31.4÷4＝7.85   (   )

31.4÷4＝78.5   (   )

31.4÷4＝785   (   )

2

70.8÷3＝0.236   (   )

70.8÷3＝2.36   (   )

70.8÷3＝23.6   (   )

70.8÷3＝236   (   )

3

36.3÷4＝9.075   (   )

36.3÷4＝90.75   (   )

36.3÷4＝907.5   (   )

36.3÷4＝9075   (   )

4

71.3÷5＝1.426   (   )

71.3÷5＝14.26   (   )

71.3÷5＝142.6   (   )

71.3÷5＝1426   (   )

5

106÷8＝1.325   (   )

106÷8＝13.25   (   )

106÷8＝132.5   (   )

106÷8＝1325   (   )

6

17.25÷6＝2.875   (   )

17.25÷6＝28.75   (   )

17.25÷6＝287.5   (   )

17.25÷6＝2875   (   )

7

617.5÷5＝1.235   (   )

617.5÷5＝12.35   (   )

617.5÷5＝123.5   (   )

617.5÷5＝1235   (   )

8

107.94÷7＝1.542   (   )

107.94÷7＝15.42   (   )

107.94÷7＝154.2   (   )

107.94÷7＝1542   (   )

⏰ 몫을 어림해 보고 올바른 식을 찾아 ○표 하시오. (9 ~ 16)

9

$48.6 \div 12 = 0.405$ (　　　)

$48.6 \div 12 = 4.05$ (　　　)

$48.6 \div 12 = 40.5$ (　　　)

$48.6 \div 12 = 405$ (　　　)

10

$28.7 \div 14 = 0.205$ (　　　)

$28.7 \div 14 = 2.05$ (　　　)

$28.7 \div 14 = 20.5$ (　　　)

$28.7 \div 14 = 205$ (　　　)

11

$170.1 \div 3 = 0.567$ (　　　)

$170.1 \div 3 = 5.67$ (　　　)

$170.1 \div 3 = 56.7$ (　　　)

$170.1 \div 3 = 567$ (　　　)

12

$4.928 \div 4 = 1.232$ (　　　)

$4.928 \div 4 = 12.32$ (　　　)

$4.928 \div 4 = 123.2$ (　　　)

$4.928 \div 4 = 1232$ (　　　)

13

$94.6 \div 4 = 2.365$ (　　　)

$94.6 \div 4 = 23.65$ (　　　)

$94.6 \div 4 = 236.5$ (　　　)

$94.6 \div 4 = 2365$ (　　　)

14

$21 \div 8 = 2.625$ (　　　)

$21 \div 8 = 26.25$ (　　　)

$21 \div 8 = 262.5$ (　　　)

$21 \div 8 = 2625$ (　　　)

15

$148.2 \div 12 = 1.235$ (　　　)

$148.2 \div 12 = 12.35$ (　　　)

$148.2 \div 12 = 123.5$ (　　　)

$148.2 \div 12 = 1235$ (　　　)

16

$660.8 \div 14 = 0.472$ (　　　)

$660.8 \div 14 = 4.72$ (　　　)

$660.8 \div 14 = 47.2$ (　　　)

$660.8 \div 14 = 472$ (　　　)

조건 을 모두 만족하는 (소수)÷(자연수)를 만들어 계산하시오. **(1~4)**

1 조건

• 468÷2를 이용하여 풀 수 있습니다.

• 계산한 값이 468÷2의 $\frac{1}{10}$배입니다.

식 _____

답 _____

2 조건

• 969÷3을 이용하여 풀 수 있습니다.

• 계산한 값이 969÷3의 $\frac{1}{10}$배입니다.

식 _____

답 _____

3 조건

• 492÷4를 이용하여 풀 수 있습니다.

• 계산한 값이 492÷4의 $\frac{1}{100}$배입니다.

식 _____

답 _____

4 조건

• 1092÷7을 이용하여 풀 수 있습니다.

• 계산한 값이 1092÷7의 $\frac{1}{100}$배입니다.

식 _____

답 _____

⏰ 다음 수직선에서 눈금 한 칸의 크기와 ㉠이 나타내는 소수를 각각 구하시오. (5~8)

5

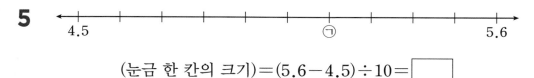

(눈금 한 칸의 크기)$=(5.6-4.5)÷10=$ ▢

(㉠이 나타내는 소수)$=4.5+$ ▢ $×6=$ ▢

6

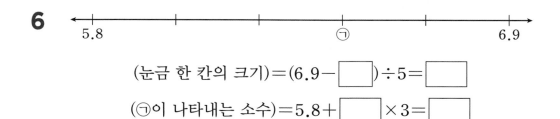

(눈금 한 칸의 크기)$=(6.9-$ ▢ $)÷5=$ ▢

(㉠이 나타내는 소수)$=5.8+$ ▢ $×3=$ ▢

7

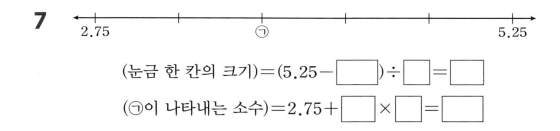

(눈금 한 칸의 크기)$=(5.25-$ ▢ $)÷$ ▢ $=$ ▢

(㉠이 나타내는 소수)$=2.75+$ ▢ $×$ ▢ $=$ ▢

8

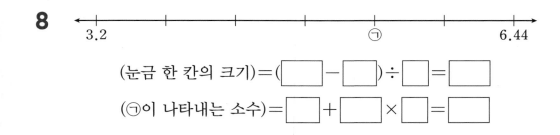

(눈금 한 칸의 크기)$=($ ▢ $-$ ▢ $)÷$ ▢ $=$ ▢

(㉠이 나타내는 소수)$=$ ▢ $+$ ▢ $×$ ▢ $=$ ▢

⏰ □ 안에 알맞은 수를 써넣으시오. (1~2)

1

$2142 \div 6 = \boxed{}$

$214.2 \div 6 = \boxed{}$

$21.42 \div 6 = \boxed{}$

$2.142 \div 6 = \boxed{}$

2

$3852 \div 9 = \boxed{}$

$385.2 \div 9 = \boxed{}$

$38.52 \div 9 = \boxed{}$

$3.852 \div 9 = \boxed{}$

⏰ 계산을 하시오. (3~14)

3 $112.14 \div 18$

4 $108.75 \div 15$

5 $63.48 \div 23$

6 $23.52 \div 24$

7 $23.68 \div 32$

8 $37.84 \div 43$

9 $9 \overline{)28.26}$

10 $11 \overline{)46.75}$

11 $16 \overline{)86.72}$

12 $8 \overline{)4.48}$

13 $13 \overline{)12.35}$

14 $24 \overline{)16.08}$

걸린 시간	1~15분	15~20분	20~25분
맞은 개수	37~41개	29~36개	1~28개
평가	참 잘했어요.	잘했어요.	좀더 노력해요.

계산을 하시오. (15 ~ 29)

15 $10.7 \div 5$

16 $32.4 \div 8$

17 $46.8 \div 8$

18 $98.7 \div 14$

19 $72.3 \div 15$

20 $162.72 \div 18$

21 $6\overline{)29.1}$

22 $8\overline{)47.6}$

23 $5\overline{)42.1}$

24 $12\overline{)43.8}$

25 $18\overline{)49.5}$

26 $7\overline{)42.28}$

27 $8\overline{)32.64}$

28 $15\overline{)45.15}$

29 $12\overline{)84.72}$

크라운을 도전하세요!

🕐 계산을 하시오. (30 ~ 39)

30 29÷2

31 87÷4

32 3÷8

33 18÷16

34
$4\overline{)15}$

35
$5\overline{)67}$

36
$8\overline{)66}$

37
$12\overline{)21}$

38
$15\overline{)27}$

39
$24\overline{)54}$

🕐 어림하여 몫의 소수점의 위치를 찾아 소수점을 찍어 보시오. (40 ~ 41)

40

38.912÷4

어림 ☐ ÷ ☐ ➡ 약 ☐

몫 9☐7☐2☐8

41

398.7÷15

어림 ☐ ÷ ☐ ➡ 약 ☐

몫 2☐6☐5☐8

3

직육면체의 부피와 겉넓이

1 직육면체의 부피 비교하기(1)

⭐ 부피를 직접 비교하기

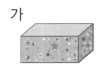　

(가의 가로)>(나의 가로)
(가의 세로)<(나의 세로)
(가의 높이)>(나의 높이)

➡ 가로, 세로, 높이는 직접 비교할 수 있지만 부피는 직접 비교할 수 없습니다.

⭐ 임의 단위로 부피 비교하기

가로, 세로, 높이가 다른 두 직육면체의 부피는 직접 비교할 수 없으므로 크기가 같은 작은 상자들을 직육면체에 담아 작은 상자의 수를 세어 부피를 비교합니다.

⭐ 쌓기나무를 이용하여 부피 비교하기

가의 쌓기나무의 개수 : 8개
나의 쌓기나무의 개수 : 12개

➡ 크기가 같은 쌓기나무의 개수가 많을수록 부피가 더 큽니다.
따라서 나의 부피가 더 큽니다.

⏰ 그림을 보고 □ 안에 알맞은 수를 써넣으시오. (1~3)

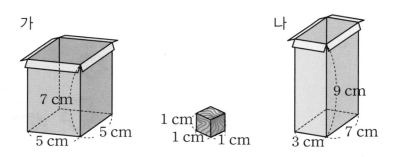

1 가 상자에는 쌓기나무를 □개까지 넣을 수 있습니다.

2 나 상자에는 쌓기나무를 □개까지 넣을 수 있습니다.

3 가 상자와 나 상자 중에서 □ 상자에 쌓기나무를 더 많이 넣을 수 있습니다.

부피가 더 큰 직육면체의 기호를 쓰시오. (4~11)

4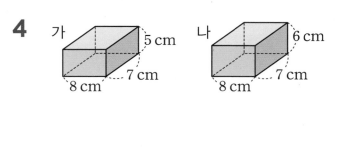

( )

5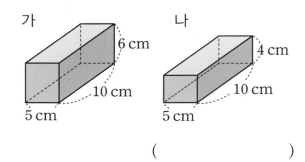

( )

6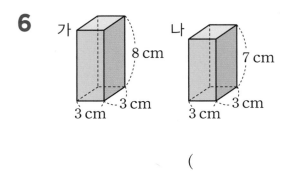

( )

7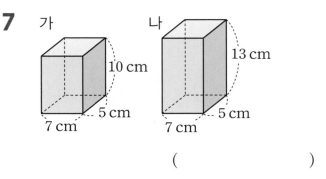

( )

8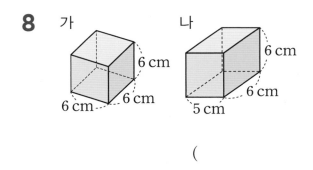

( )

9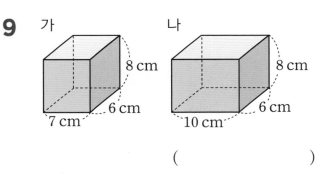

( )

10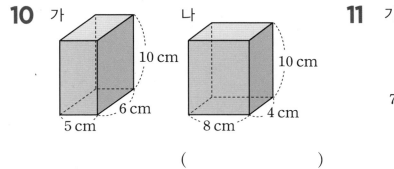

( )

11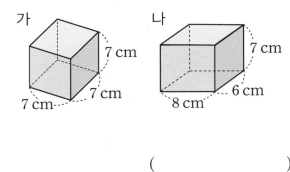

( )

🕐 쌀기나무의 수를 비교하여 부피가 더 큰 직육면체의 기호를 쓰시오. (1~4)

1

가의 쌀기나무 수: ☐ 개

나의 쌀기나무 수: ☐ 개

부피가 더 큰 직육면체: ☐

2

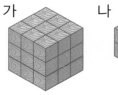

가의 쌀기나무 수: ☐ 개

나의 쌀기나무 수: ☐ 개

부피가 더 큰 직육면체: ☐

3

가의 쌀기나무 수: ☐ 개

나의 쌀기나무 수: ☐ 개

부피가 더 큰 직육면체: ☐

4

가의 쌀기나무 수: ☐ 개

나의 쌀기나무 수: ☐ 개

부피가 더 큰 직육면체: ☐

🕐 부피가 더 큰 직육면체의 기호를 쓰시오. (5~8)

5 가　　　나

(　　　　　)

6 가　　　나

(　　　　　)

7 가　　　나

(　　　　　)

8 가　　　나

(　　　　　)

🕐 부피가 가장 큰 것부터 차례로 기호를 쓰시오. (9~10)

9 가　　　　나　　　　다

(　　　　　)

10 가　　　　나　　　　다

(　　　　　)

2 부피의 단위(cm³) 알아보기 (1)

부피를 나타낼 때 한 모서리의 길이가 1 cm인 정육면체의 부피를 사용할 수 있습니다.
이 정육면체의 부피를 1 cm³라 쓰고, 1 세제곱센티미터라고 읽습니다.

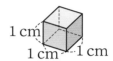

1 cm^3

🕐 쌓기나무로 직육면체를 만들었습니다. ☐ 안에 알맞은 수를 써넣으시오. (1~4)

1

밑면에 놓인 쌓기나무: ☐ 개

높이: ☐ 층

사용된 쌓기나무: ☐ 개

2

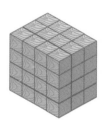

밑면에 놓인 쌓기나무: ☐ 개

높이: ☐ 층

사용된 쌓기나무: ☐ 개

3

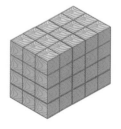

밑면에 놓인 쌓기나무: ☐ 개

높이: ☐ 층

사용된 쌓기나무: ☐ 개

4

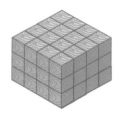

밑면에 놓인 쌓기나무: ☐ 개

높이: ☐ 층

사용된 쌓기나무: ☐ 개

⏰ 부피가 1 cm³인 쌓기나무를 쌓아 직육면체를 만들었습니다. 물음에 답하시오. (5~8)

5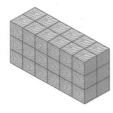

(1) 사용된 쌓기나무의 수는 몇 개입니까?

(   )

(2) 직육면체의 부피는 몇 cm³입니까?

(   )

6

(1) 사용된 쌓기나무의 수는 몇 개입니까?

(   )

(2) 직육면체의 부피는 몇 cm³입니까?

(   )

7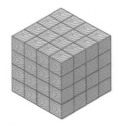

(1) 사용된 쌓기나무의 수는 몇 개입니까?

(   )

(2) 직육면체의 부피는 몇 cm³입니까?

(   )

8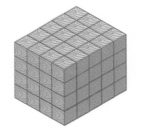

(1) 사용된 쌓기나무의 수는 몇 개입니까?

(   )

(2) 직육면체의 부피는 몇 cm³입니까?

(   )

부피의 단위(cm³) 알아보기 (2)

⏰ 부피가 1 cm³인 쌓기나무를 쌓아 만든 직육면체입니다. 쌓기나무의 수와 부피를 각각 구하시오. (1~6)

1

쌓기나무의 수: ⬜ 개

부피: ⬜ cm³

2

쌓기나무의 수: ⬜ 개

부피: ⬜ cm³

3

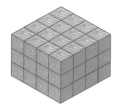

쌓기나무의 수: ⬜ 개

부피: ⬜ cm³

4

쌓기나무의 수: ⬜ 개

부피: ⬜ cm³

5

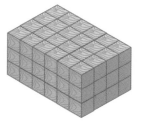

쌓기나무의 수: ⬜ 개

부피: ⬜ cm³

6

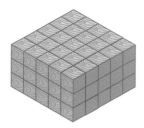

쌓기나무의 수: ⬜ 개

부피: ⬜ cm³

계산은 빠르고 정확하게!

걸린 시간	1~6분	6~9분	9~12분
맞은 개수	13~14개	10~12개	1~9개
평가	참 잘했어요.	잘했어요.	좀더 노력해요.

⏰ 부피가 1 cm³인 쌓기나무를 쌓아 만든 직육면체의 부피를 구하시오. (7 ~ 14)

7

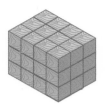

( )

8

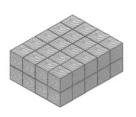

( )

9

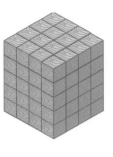

( )

10

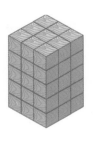

( )

11

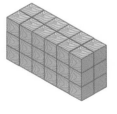

( )

12

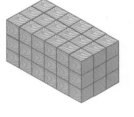

( )

13

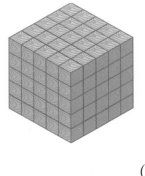

( )

14

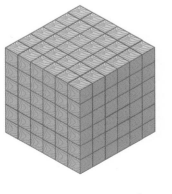

( )

3 직육면체의 부피 (1)

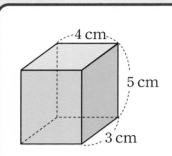

(직육면체의 부피)＝(한 밑면의 넓이)×(높이)
        ＝(가로)×(세로)×(높이)
        ＝4×3×5＝60 (cm³)

(직육면체의 부피)＝(가로)×(세로)×(높이)

🕐 한 밑면의 넓이와 높이가 주어진 직육면체의 부피를 구하시오. (1~3)

1

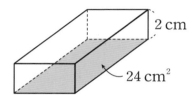

2 cm

24 cm²

(직육면체의 부피)＝(한 밑면의 넓이)×(높이)
        ＝ □ × □
        ＝ □ (cm³)

2

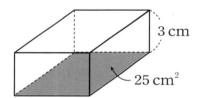

3 cm

25 cm²

(직육면체의 부피)＝(한 밑면의 넓이)×(높이)
        ＝ □ × □
        ＝ □ (cm³)

3

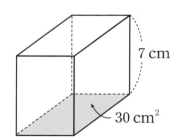

7 cm

30 cm²

(직육면체의 부피)＝(한 밑면의 넓이)×(높이)
        ＝ □ × □
        ＝ □ (cm³)

⏰ 한 밑면의 넓이와 높이가 주어진 직육면체의 부피를 구하시오. (4 ~ 11)

4

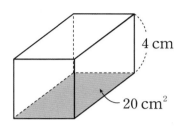

4 cm
20 cm²

(   )

5

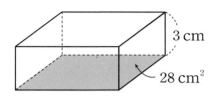

3 cm
28 cm²

(   )

6

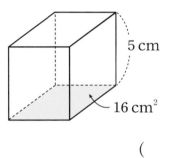

5 cm
16 cm²

(   )

7

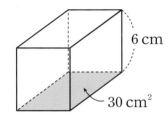

6 cm
30 cm²

(   )

8

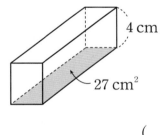

4 cm
27 cm²

(   )

9

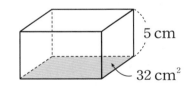

5 cm
32 cm²

(   )

10

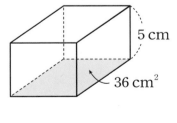

5 cm
36 cm²

(   )

11

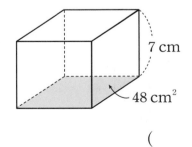

7 cm
48 cm²

(   )

3 직육면체의 부피 (2)

⏰ □ 안에 알맞은 수를 써넣으시오. **(1~4)**

1

3 cm   5 cm
5 cm

(직육면체의 부피)＝(가로)×(세로)×(높이)

＝ □ × □ × □

＝ □ (cm³)

2

3 cm   6 cm
7 cm

(직육면체의 부피)＝(가로)×(세로)×(높이)

＝ □ × □ × □

＝ □ (cm³)

3

4 cm   4 cm
6 cm

(직육면체의 부피)＝(가로)×(세로)×(높이)

＝ □ × □ × □

＝ □ (cm³)

4

5 cm   10 cm
7 cm

(직육면체의 부피)＝(가로)×(세로)×(높이)

＝ □ × □ × □

＝ □ (cm³)

⏰ 직육면체의 부피를 구하시오. (5 ~ 12)

5
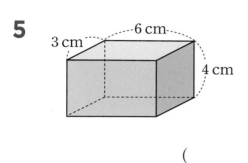

(   )

6
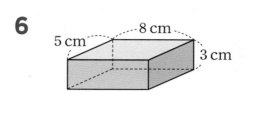

(   )

7
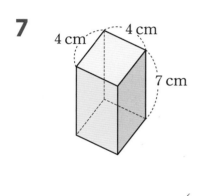

(   )

8
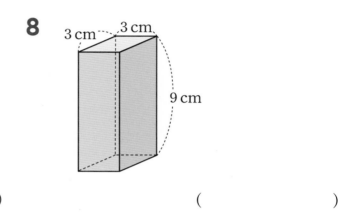

(   )

9
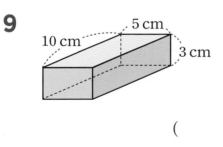

(   )

10
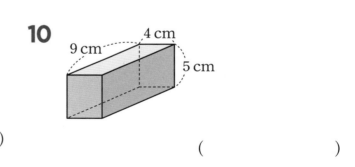

(   )

11
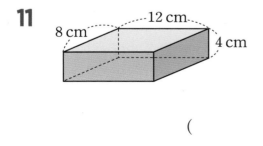

(   )

12
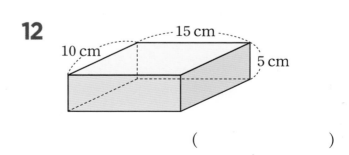

(   )

3 직육면체의 부피 (3)

⏰ 주어진 직육면체의 부피를 구하시오. (1~6)

1 한 밑면의 넓이가 21 cm²이고, 높이가 5 cm인 직육면체

(   )

2 한 밑면의 넓이가 25 cm²이고, 높이가 4 cm인 직육면체

(   )

3 한 밑면의 넓이가 30 cm²이고, 높이가 7 cm인 직육면체

(   )

4 한 밑면의 넓이가 36 cm²이고, 높이가 4 cm인 직육면체

(   )

5 한 밑면의 넓이가 42 cm²이고, 높이가 5 cm인 직육면체

(   )

6 한 밑면의 넓이가 49 cm²이고, 높이가 6 cm인 직육면체

(   )

🕐 **주어진 직육면체의 부피를 구하시오. (7 ~ 12)**

7

가로가 9 cm, 세로가 2 cm, 높이가 4 cm인 직육면체

(   )

8

가로가 7 cm, 세로가 4 cm, 높이가 5 cm인 직육면체

(   )

9

가로가 8 cm, 세로가 7 cm, 높이가 5 cm인 직육면체

(   )

10

가로가 8 cm, 세로가 9 cm, 높이가 7 cm인 직육면체

(   )

11

가로가 10 cm, 세로가 4 cm, 높이가 6 cm인 직육면체

(   )

12

가로가 15 cm, 세로가 8 cm, 높이가 4 cm인 직육면체

(   )

3 직육면체의 부피 (4)

전개도를 접었을 때 만들어지는 직육면체의 부피를 구하시오. (1~4)

1

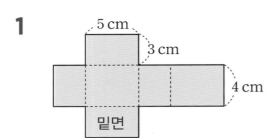

(한 밑면의 넓이)=☐×☐=☐(cm²)

(부피)=☐×4=☐(cm³)

2

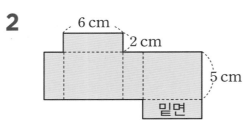

(한 밑면의 넓이)=☐×☐=☐(cm²)

(부피)=☐×5=☐(cm³)

3

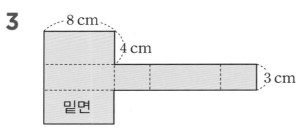

(한 밑면의 넓이)=☐×☐=☐(cm²)

(부피)=☐×3=☐(cm³)

4

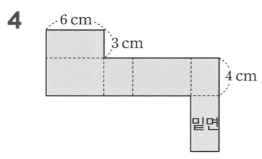

(한 밑면의 넓이)=☐×☐=☐(cm²)

(부피)=☐×4=☐(cm³)

⏰ 전개도를 접었을 때 만들어지는 직육면체의 부피를 구하시오. (5 ~ 12)

5

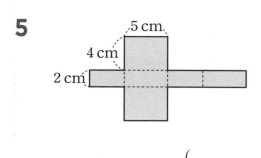

(   )

6

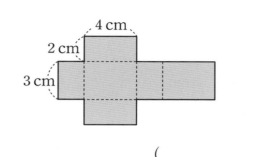

(   )

7

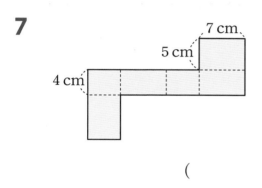

(   )

8

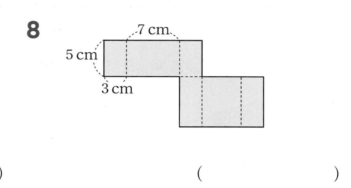

(   )

9

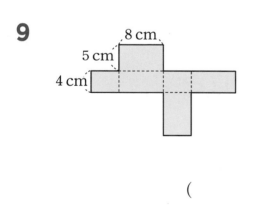

(   )

10

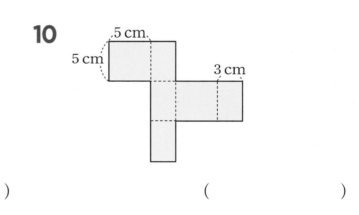

(   )

11

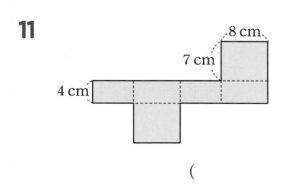

(   )

12

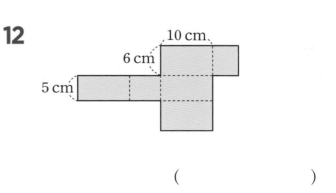

(   )

4 정육면체의 부피 (1)

(정육면체의 부피)＝(한 밑면의 넓이)×(높이)

＝(가로)×(세로)×(높이)

＝(한 모서리의 길이)×(한 모서리의 길이)

×(한 모서리의 길이)

＝3×3×3＝27 (cm³)

3 cm
3 cm
3 cm

(정육면체의 부피)＝(한 모서리의 길이)×(한 모서리의 길이)×(한 모서리의 길이)

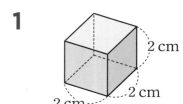 □ 안에 알맞은 수를 써넣으시오. (1~3)

1

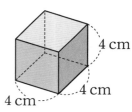

2 cm
2 cm
2 cm

(한 밑면의 넓이)＝□×□＝□ (cm²)

(부피)＝□×2＝□ (cm³)

2

4 cm
4 cm
4 cm

(한 밑면의 넓이)＝□×□＝□ (cm²)

(부피)＝□×4＝□ (cm³)

3

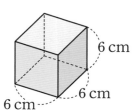

6 cm
6 cm
6 cm

(한 밑면의 넓이)＝□×□＝□ (cm²)

(부피)＝□×6＝□ (cm³)

⏰ □ 안에 알맞은 수를 써넣으시오. (4~8)

4

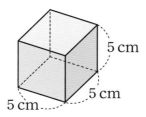

(정육면체의 부피)
=(한 모서리의 길이)×(한 모서리의 길이)×(한 모서리의 길이)
=□×□×□=□(cm³)

5

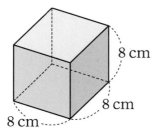

(정육면체의 부피)=□×□×□
=□(cm³)

6

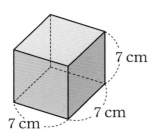

(정육면체의 부피)=□×□×□
=□(cm³)

7

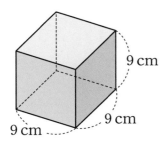

(정육면체의 부피)=□×□×□
=□(cm³)

8

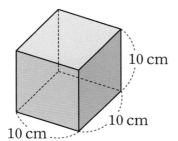

(정육면체의 부피)=□×□×□
=□(cm³)

⏰ 정육면체의 부피를 구하시오. (1~8)

1

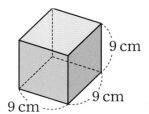

9 cm
9 cm
9 cm

(   )

2

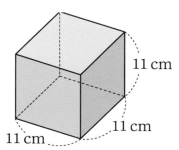

11 cm
11 cm
11 cm

(   )

3

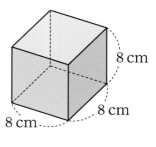

8 cm
8 cm
8 cm

(   )

4

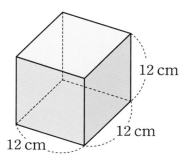

12 cm
12 cm
12 cm

(   )

5

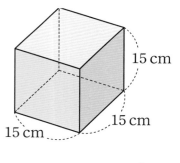

15 cm
15 cm
15 cm

(   )

6

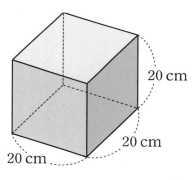

20 cm
20 cm
20 cm

(   )

7

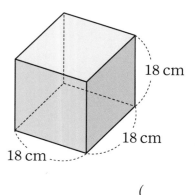

18 cm
18 cm
18 cm

(   )

8

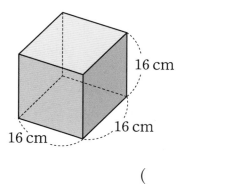

16 cm
16 cm
16 cm

(   )

걸린 시간	1~6분	6~9분	9~12분
맞은 개수	13~14개	10~12개	1~9개
평가	참 잘했어요.	잘했어요.	좀더 노력해요.

정육면체의 부피를 구하시오. (9 ~ 14)

9 한 모서리의 길이가 7 cm인 정육면체

(　　　　　　　)

10 한 모서리의 길이가 5 cm인 정육면체

(　　　　　　　)

11 한 모서리의 길이가 13 cm인 정육면체

(　　　　　　　)

12 한 모서리의 길이가 17 cm인 정육면체

(　　　　　　　)

13 한 모서리의 길이가 30 cm인 정육면체

(　　　　　　　)

14 한 모서리의 길이가 25 cm인 정육면체

(　　　　　　　)

4 정육면체의 부피 (3)

🕐 한 밑면의 넓이가 주어진 정육면체입니다. ☐ 안에 알맞은 수를 써넣으시오. (1~4)

1

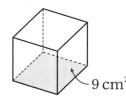

9 cm²

➡ 한 모서리의 길이: ☐ cm

정육면체의 부피: ☐ cm³

2

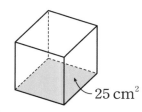

25 cm²

➡ 한 모서리의 길이: ☐ cm

정육면체의 부피: ☐ cm³

3

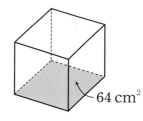

64 cm²

➡ 한 모서리의 길이: ☐ cm

정육면체의 부피: ☐ cm³

4

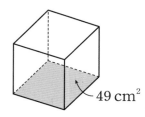

49 cm²

➡ 한 모서리의 길이: ☐ cm

정육면체의 부피: ☐ cm³

⏰ 한 밑면의 넓이가 주어진 정육면체의 부피를 구하시오. (5~12)

5

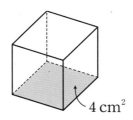

4 cm²

(   )

6

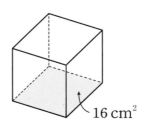

16 cm²

(   )

7

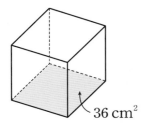

36 cm²

(   )

8

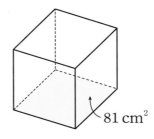

81 cm²

(   )

9

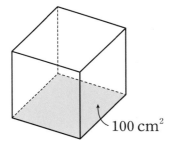

100 cm²

(   )

10

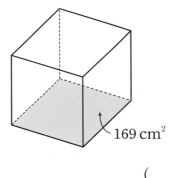

169 cm²

(   )

11

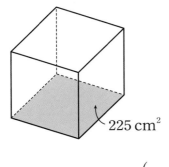

225 cm²

(   )

12

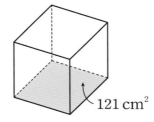

121 cm²

(   )

정육면체의 부피 (4)

 정육면체의 전개도입니다. 전개도를 접었을 때 만들어지는 정육면체의 부피를 구하시오. (1~4)

1

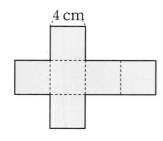

4 cm

(한 밑면의 넓이) = ☐ × ☐ = ☐ (cm²)

(부피) = ☐ × 4 = ☐ (cm³)

2

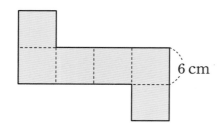

6 cm

(한 밑면의 넓이) = ☐ × ☐ = ☐ (cm²)

(부피) = ☐ × 6 = ☐ (cm³)

3

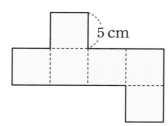

5 cm

(한 밑면의 넓이) = ☐ × ☐ = ☐ (cm²)

(부피) = ☐ × 5 = ☐ (cm³)

4

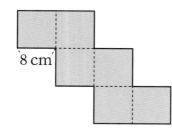

8 cm

(한 밑면의 넓이) = ☐ × ☐ = ☐ (cm²)

(부피) = ☐ × 8 = ☐ (cm³)

전개도를 접었을 때 만들어지는 정육면체의 부피를 구하시오. (5 ~ 12)

5

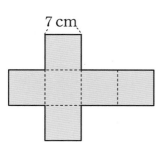

7 cm

(   )

6

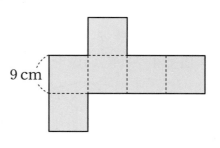

9 cm

(   )

7

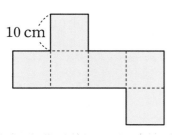

10 cm

(   )

8

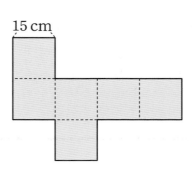

15 cm

(   )

9

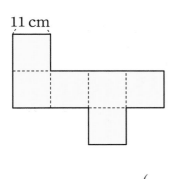

11 cm

(   )

10

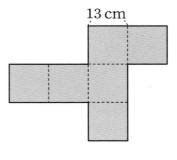

13 cm

(   )

11

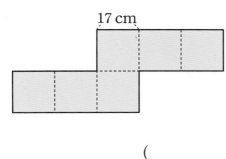

17 cm

(   )

12

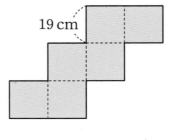

19 cm

(   )

5 부피의 단위(m³) 알아보기 (1)

✿ **부피의 큰 단위**

부피를 나타낼 때 한 모서리의 길이가 1 m인 정육면체의 부피를 단위로 사용할 수 있습니다.
이 정육면체의 부피를 1 m³라 쓰고, 1 세제곱미터라고 읽습니다.

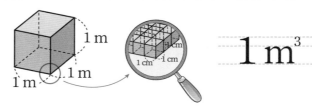

✿ **1 cm³와 1 m³의 관계**

100 cm＝1 m이므로 한 모서리의 길이가 1 m인 정육면체를 쌓는데 부피가 1 cm³인 쌓기
나무는 1000000개 필요합니다.

$$1000000 \text{ cm}^3 = 1 \text{ m}^3$$

🕐 직육면체의 부피를 구하려고 합니다. □ 안에 알맞은 수를 써넣으시오. (1~4)

1

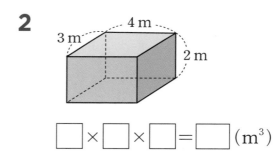

□ × □ × □ = □ (m³)

2

2 m

□ × □ × □ = □ (m³)

3

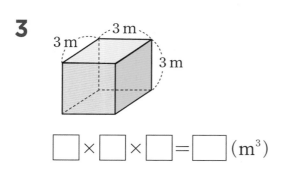

□ × □ × □ = □ (m³)

4

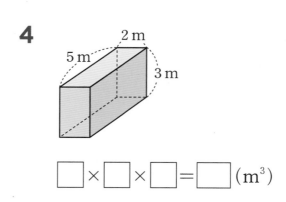

□ × □ × □ = □ (m³)

직육면체의 부피를 구하려고 합니다. 물음에 답하시오. (5~8)

5

3 m, 5 m, 3 m

(1) 직육면체의 부피는 몇 m^3입니까?

(   )

(2) 직육면체의 부피는 몇 cm^3입니까?

(   )

6

3 m, 2 m, 6 m

(1) 직육면체의 부피는 몇 m^3입니까?

(   )

(2) 직육면체의 부피는 몇 cm^3입니까?

(   )

7

500 cm, 500 cm, 500 cm

(1) 직육면체의 부피는 몇 cm^3입니까?

(   )

(2) 직육면체의 부피는 몇 m^3입니까?

(   )

8

300 cm, 800 cm, 500 cm

(1) 직육면체의 부피는 몇 cm^3입니까?

(   )

(2) 직육면체의 부피는 몇 m^3입니까?

(   )

학습 날짜

월   일

⏰ □ 안에 알맞은 수를 써넣으시오. (1~4)

1

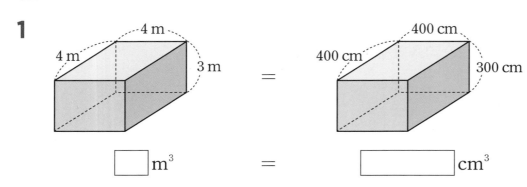

$\boxed{}$ m³ = $\boxed{}$ cm³

2

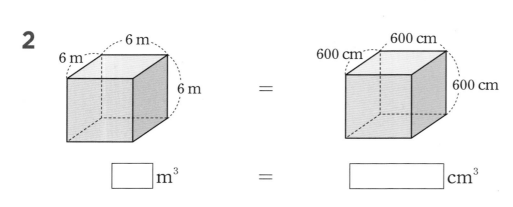

$\boxed{}$ m³ = $\boxed{}$ cm³

3

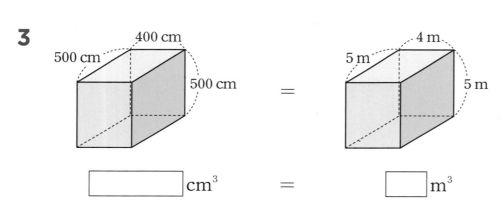

$\boxed{}$ cm³ = $\boxed{}$ m³

4

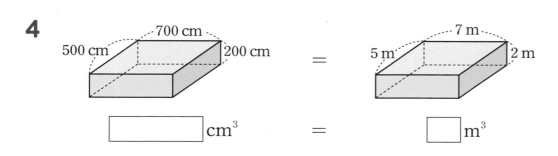

$\boxed{}$ cm³ = $\boxed{}$ m³

계산은 빠르고 정확하게!

걸린 시간	1~5분	5~8분	8~10분
맞은 개수	17~18개	13~16개	1~12개
평가	참 잘했어요.	잘했어요.	좀더 노력해요.

⏰ □ 안에 알맞은 수를 써넣으시오. (5 ~ 18)

5 $8\,m^3 = \boxed{}\,cm^3$

6 $4000000\,cm^3 = \boxed{}\,m^3$

7 $5\,m^3 = \boxed{}\,cm^3$

8 $7000000\,cm^3 = \boxed{}\,m^3$

9 $12\,m^3 = \boxed{}\,cm^3$

10 $38000000\,cm^3 = \boxed{}\,m^3$

11 $28\,m^3 = \boxed{}\,cm^3$

12 $16000000\,cm^3 = \boxed{}\,m^3$

13 $47\,m^3 = \boxed{}\,cm^3$

14 $59000000\,cm^3 = \boxed{}\,m^3$

15 $0.7\,m^3 = \boxed{}\,cm^3$

16 $850000\,cm^3 = \boxed{}\,m^3$

17 $2.6\,m^3 = \boxed{}\,cm^3$

18 $4200000\,cm^3 = \boxed{}\,m^3$

6 직육면체의 겉넓이 (1)

🌸 **직육면체의 겉넓이**

• 직육면체에서 여섯 면의 넓이의 합을 직육면체의 겉넓이라고 합니다.

• 직육면체의 겉넓이 구하기

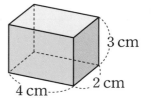

① (여섯 면의 넓이의 합)

$$= 4 \times 2 + 4 \times 2 + 4 \times 3 + 4 \times 3 + 2 \times 3 + 2 \times 3 = 52 (cm^2)$$

② (한 꼭짓점에서 만나는 세 면의 넓이의 합) × 2

$$= (4 \times 2 + 4 \times 3 + 2 \times 3) \times 2 = 52 (cm^2)$$

③ (한 밑면의 넓이) × 2 + (옆면의 넓이)

(밑면의 가로)×(밑면의 세로)   (한 밑면의 둘레)×(높이)

$$= 4 \times 2 \times 2 + (4 + 2 + 4 + 2) \times 3 = 52 (cm^2)$$

🕐 오른쪽 직육면체의 겉넓이를 여러 가지 방법으로 구하려고 합니다. ☐ 안에 알맞은 수를 써넣으시오. **(1 ~ 4)**

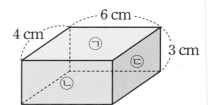

1 (㉠의 넓이) $= 6 \times \boxed{} = \boxed{} (cm^2)$

(㉡의 넓이) $= 6 \times \boxed{} = \boxed{} (cm^2)$

(㉢의 넓이) $= 4 \times \boxed{} = \boxed{} (cm^2)$

2 (겉넓이) = (여섯 면의 넓이의 합)

$$= \boxed{} + \boxed{} + \boxed{} + \boxed{} + \boxed{} + \boxed{} = \boxed{} (cm^2)$$

3 (겉넓이) = (한 꼭짓점에서 만나는 세 면의 넓이의 합) × 2

$$= (\boxed{} + \boxed{} + \boxed{}) \times 2 = \boxed{} (cm^2)$$

4 (겉넓이) = (한 밑면의 넓이) × 2 + (옆면의 넓이)

$$= (6 \times \boxed{}) \times 2 + (6 + 4 + \boxed{} + \boxed{}) \times \boxed{} = \boxed{} (cm^2)$$

☐ 안에 알맞은 수를 써넣으시오. (5~8)

5

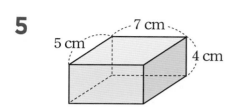

(겉넓이) $= (7 \times \boxed{} + \boxed{} \times 4 + 5 \times \boxed{}) \times 2$

$= (\boxed{} + \boxed{} + \boxed{}) \times 2$

$= \boxed{} \ (\text{cm}^2)$

6

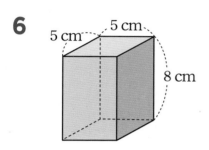

(겉넓이) $= (5 \times \boxed{} + \boxed{} \times 8 + 5 \times \boxed{}) \times 2$

$= (\boxed{} + \boxed{} + \boxed{}) \times 2$

$= \boxed{} \ (\text{cm}^2)$

7

(겉넓이) $= (8 \times \boxed{}) \times 2 + (8 + 4 + \boxed{} + \boxed{}) \times \boxed{}$

$= \boxed{} + \boxed{}$

$= \boxed{} \ (\text{cm}^2)$

8

(겉넓이) $= (9 \times \boxed{}) \times 2 + (9 + 6 + \boxed{} + \boxed{}) \times \boxed{}$

$= \boxed{} + \boxed{}$

$= \boxed{} \ (\text{cm}^2)$

 직육면체의 겉넓이를 구하시오. (1~8)

1
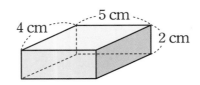

(   )

2

(   )

3
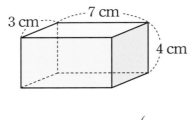

(   )

4
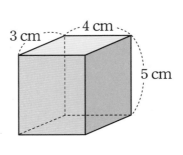

(   )

5
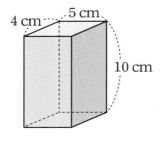

(   )

6
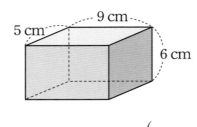

(   )

7
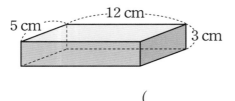

(   )

8
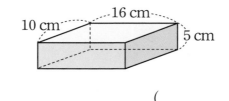

(   )

⏰ 직육면체의 겉넓이를 구하시오. (9~14)

9

> 가로가 2 cm, 세로가 3 cm, 높이가 4 cm인 직육면체

(   )

10

> 가로가 3 cm, 세로가 3 cm, 높이가 2 cm인 직육면체

(   )

11

> 가로가 5 cm, 세로가 2 cm, 높이가 8 cm인 직육면체

(   )

12

> 가로가 9 cm, 세로가 3 cm, 높이가 6 cm인 직육면체

(   )

13

> 가로가 10 cm, 세로가 3 cm, 높이가 7 cm인 직육면체

(   )

14

> 가로가 15 cm, 세로가 8 cm, 높이가 6 cm인 직육면체

(   )

6 직육면체의 겉넓이 (3)

⏰ 전개도를 접었을 때 만들어지는 직육면체의 겉넓이를 구하시오. (1~4)

1

6 cm, 2 cm, 4 cm

$(겉넓이) = (6 \times \boxed{} + 6 \times \boxed{} + 2 \times \boxed{}) \times 2$

$= \boxed{} \times 2 = \boxed{} (cm^2)$

2

8 cm, 3 cm, 4 cm

$(겉넓이) = (8 \times \boxed{} + 8 \times \boxed{} + 3 \times \boxed{}) \times 2$

$= \boxed{} \times 2 = \boxed{} (cm^2)$

3

7 cm, 4 cm, 5 cm

$(겉넓이) = (7 \times \boxed{}) \times 2 + (7 + 4 + \boxed{} + \boxed{}) \times \boxed{}$

$= \boxed{} + \boxed{} = \boxed{} (cm^2)$

4

14 cm, 5 cm, 8 cm

$(겉넓이)$

$= (14 \times \boxed{}) \times 2 + (14 + 5 + \boxed{} + \boxed{}) \times \boxed{}$

$= \boxed{} + \boxed{} = \boxed{} (cm^2)$

계산은 빠르고 정확하게!

걸린 시간	1~8분	8~12분	12~16분
맞은 개수	11~12개	9~10개	1~8개
평가	참 잘했어요.	잘했어요.	좀더 노력해요.

🕐 전개도를 접었을 때 만들어지는 직육면체의 겉넓이를 구하시오. (5 ~ 12)

5

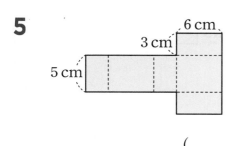

(   )

6

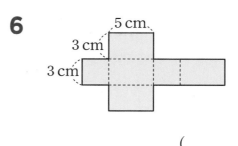

(   )

7

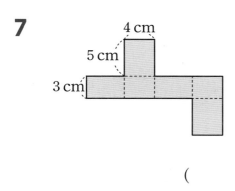

(   )

8

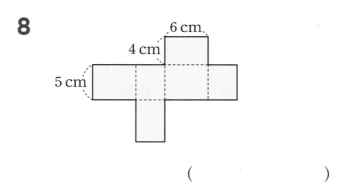

(   )

9

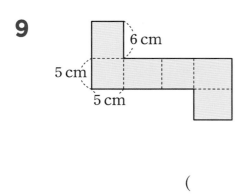

(   )

10

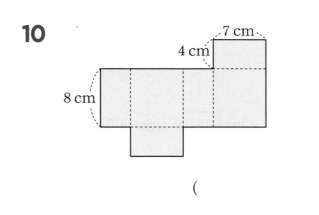

(   )

11

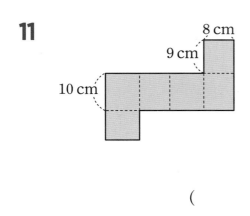

(   )

12

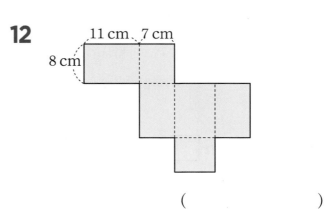

(   )

7 정육면체의 겉넓이 (1)

정육면체는 6개의 면이 모두 합동이므로 겉넓이는 한 면의 넓이의 6배
입니다.
(정육면체의 겉넓이)=(한 면의 넓이)×6
$$=4\times4\times6=96(cm^2)$$

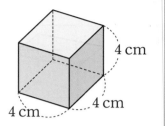

🕐 ☐ 안에 알맞은 수를 써넣으시오. (1~3)

1

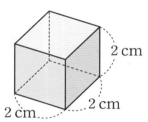

(한 밑면의 넓이)=☐×☐=☐ (cm^2)

(겉넓이)=☐×6=☐ (cm^2)

2

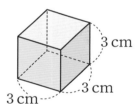

(한 밑면의 넓이)=☐×☐=☐ (cm^2)

(겉넓이)=☐×6=☐ (cm^2)

3

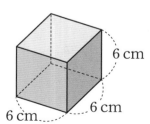

(한 밑면의 넓이)=☐×☐=☐ (cm^2)

(겉넓이)=☐×6=☐ (cm^2)

☐ 안에 알맞은 수를 써넣으시오. **(4 ~ 7)**

4

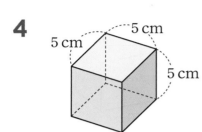

(정육면체의 겉넓이)=(한 밑면의 넓이)× ☐

= ☐ × ☐ × ☐

= ☐ (cm^2)

5

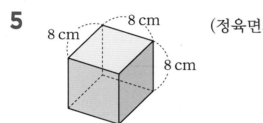

(정육면체의 겉넓이)=(한 밑면의 넓이)× ☐

= ☐ × ☐ × ☐

= ☐ (cm^2)

6

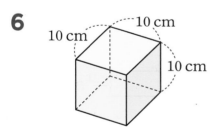

(정육면체의 겉넓이)=(한 밑면의 넓이)× ☐

= ☐ × ☐ × ☐

= ☐ (cm^2)

7

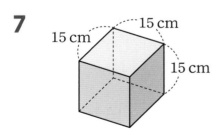

(정육면체의 겉넓이)=(한 밑면의 넓이)× ☐

= ☐ × ☐ × ☐

= ☐ (cm^2)

정육면체의 겉넓이 (2)

⏰ 정육면체의 겉넓이를 구하시오. (1~8)

1

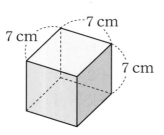

7 cm 7 cm 7 cm

(   )

2

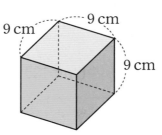

9 cm 9 cm 9 cm

(   )

3

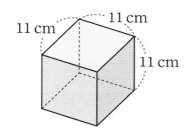

11 cm 11 cm 11 cm

(   )

4

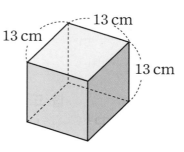

13 cm 13 cm 13 cm

(   )

5

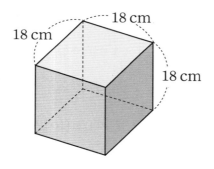

18 cm 18 cm 18 cm

(   )

6

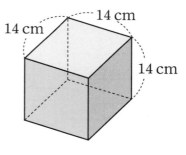

14 cm 14 cm 14 cm

(   )

7

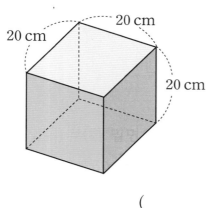

20 cm 20 cm 20 cm

(   )

8

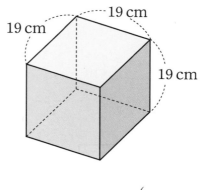

19 cm 19 cm 19 cm

(   )

🕐 **정육면체의 겉넓이를 구하시오. (9~14)**

9 한 모서리의 길이가 6 cm인 정육면체

(   )

10 한 모서리의 길이가 8 cm인 정육면체

(   )

11 한 모서리의 길이가 12 cm인 정육면체

(   )

12 한 모서리의 길이가 17 cm인 정육면체

(   )

13 한 모서리의 길이가 22 cm인 정육면체

(   )

14 한 모서리의 길이가 30 cm인 정육면체

(   )

7 정육면체의 겉넓이 (3)

 정육면체의 전개도입니다. 주어진 전개도를 접었을 때 만들어지는 정육면체의 겉넓이를 구하시오. (1~4)

1

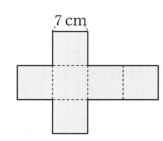
7 cm

(한 밑면의 넓이) = $\square$ × $\square$ = $\square$ (cm²)

(겉넓이) = $\square$ × 6 = $\square$ (cm²)

2

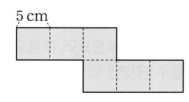
5 cm

(한 밑면의 넓이) = $\square$ × $\square$ = $\square$ (cm²)

(겉넓이) = $\square$ × 6 = $\square$ (cm²)

3

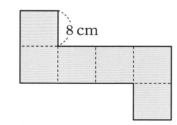
8 cm

(한 밑면의 넓이) = $\square$ × $\square$ = $\square$ (cm²)

(겉넓이) = $\square$ × 6 = $\square$ (cm²)

4

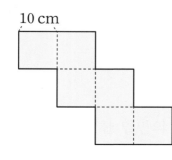
10 cm

(한 밑면의 넓이) = $\square$ × $\square$ = $\square$ (cm²)

(겉넓이) = $\square$ × 6 = $\square$ (cm²)

⏰ 정육면체의 전개도입니다. 주어진 전개도를 접었을 때 만들어지는 정육면체의 겉넓이를 구하시오. (5 ~ 12)

5

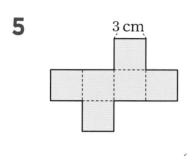

3 cm

( )

6

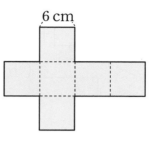

6 cm

( )

7

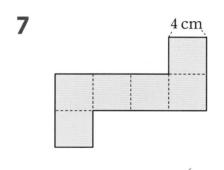

4 cm

( )

8

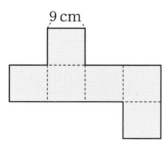

9 cm

( )

9

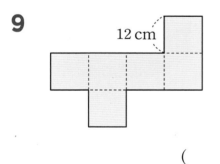

12 cm

( )

10

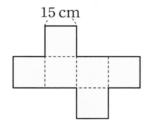

15 cm

( )

11

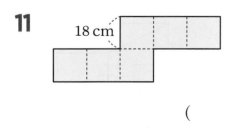

18 cm

( )

12

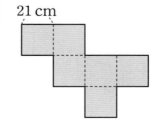

21 cm

( )

신기한 연산

⏰ 다음은 직육면체를 위와 옆에서 본 모양입니다. 이 직육면체의 부피와 겉넓이를 각각 구하시오. (1~4)

1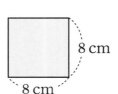

위 (8 cm × 8 cm) 옆 (10 cm × 8 cm)

(부피) = [ ] cm³

(겉넓이) = [ ] cm²

2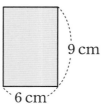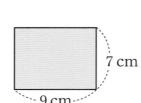

위 (9 cm × 6 cm) 옆 (7 cm × 9 cm)

(부피) = [ ] cm³

(겉넓이) = [ ] cm²

3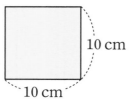

위 (10 cm × 10 cm) 옆 (10 cm × 10 cm)

(부피) = [ ] cm³

(겉넓이) = [ ] cm²

4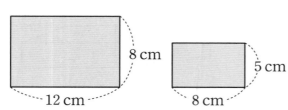

위 (8 cm × 12 cm) 옆 (5 cm × 8 cm)

(부피) = [ ] cm³

(겉넓이) = [ ] cm²

계산은 빠르고 정확하게!

안치수가 왼쪽 그림과 같은 직육면체 모양의 상자에 오른쪽 정육면체 모양의 물건을 몇 개까지 넣을 수 있는지 구하시오. (5~8)

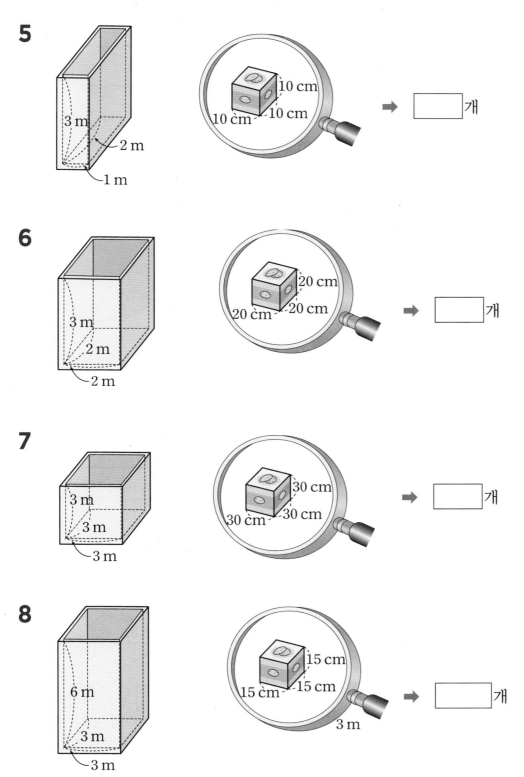

5

3 m, 2 m, 1 m

10 cm, 10 cm, 10 cm

➡ ◻ 개

6

3 m, 2 m, 2 m

20 cm, 20 cm, 20 cm

➡ ◻ 개

7

3 m, 3 m, 3 m

30 cm, 30 cm, 30 cm

➡ ◻ 개

8

6 m, 3 m, 3 m

15 cm, 15 cm, 15 cm
3 m

➡ ◻ 개

확인 평가

⏰ 부피가 더 큰 직육면체의 기호를 쓰시오. (1~2)

1 가   나

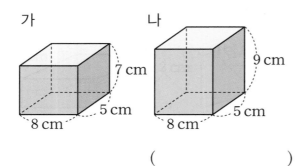

7 cm   9 cm
5 cm   5 cm
8 cm   8 cm

(   )

2 가   나

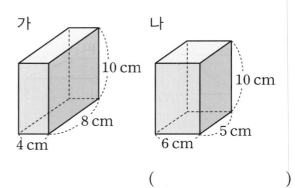

10 cm   10 cm
8 cm   5 cm
4 cm   6 cm

(   )

3 부피가 가장 큰 것부터 차례로 기호를 쓰시오.

가   나   다

(   )

⏰ 부피가 1 cm³인 쌓기나무를 쌓아 만든 직육면체의 부피를 구하시오. (4~7)

4

(   )

5

(   )

6

(   )

7

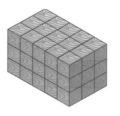

(   )

⏰ 입체도형의 부피를 구하시오. (8 ~ 11)

8

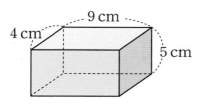

(   )

9

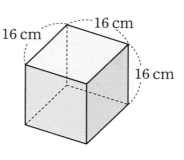

(   )

10

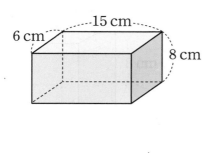

(   )

11

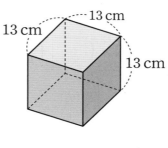

(   )

⏰ 전개도를 접었을 때 만들어지는 입체도형의 부피를 구하시오. (12 ~ 13)

12

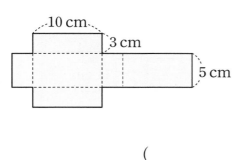

(   )

13

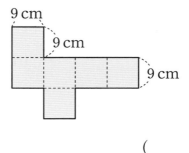

(   )

⏰ ☐ 안에 알맞은 수를 써넣으시오. (14 ~ 17)

14 $19 \, m^3 = \boxed{} \, cm^3$

15 $27000000 \, cm^3 = \boxed{} \, m^3$

16 $3.6 \, m^3 = \boxed{} \, cm^3$

17 $5200000 \, cm^3 = \boxed{} \, m^3$

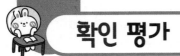

⏰ 입체도형의 겉넓이를 구하시오. (18 ~ 21)

18   10 cm   5 cm   7 cm

(   )

19   8 cm   8 cm   8 cm

(   )

20   11 cm   9 cm   15 cm

(   )

21   17 cm   17 cm   17 cm

(   )

⏰ 전개도를 접었을 때 만들어지는 입체도형의 겉넓이를 구하시오. (22 ~ 25)

22   12 cm   4 cm   6 cm

(   )

23   11 cm   11 cm   11 cm
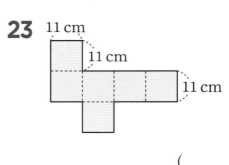

(   )

24   15 cm   6 cm   5 cm

(   )

25   18 cm   18 cm   18 cm
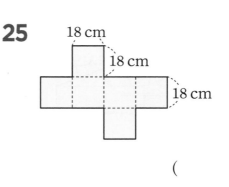

(   )

Memo

초등 수학의 기본은 연산력!!

신기한 연산왕

정답 F-1 초6 수준

정답

❶ 분수의 나눗셈

1 몫이 1보다 작은 (자연수)÷(자연수)의 몫을 분수로 나타내기(1)

월
일

- 1÷(자연수)의 몫을 분수로 나타낼 때에는 $\frac{1}{(자연수)}$로 나타냅니다.

➡ $1÷\blacksquare=\frac{1}{\blacksquare}$

- (자연수)÷(자연수)의 몫을 분수로 나타낼 때에는 나누어지는 수를 분자, 나누는 수를 분모로 나타냅니다.

➡ $\bigcirc÷\blacksquare=\frac{\bigcirc}{\blacksquare}$

🕐 그림을 보고 □ 안에 알맞은 수를 써넣으시오. (1~4)

1 $1÷6=\frac{1}{6}$

2 $1÷5=\frac{1}{5}$

3 $1÷8=\frac{1}{8}$

4 $1÷10=\frac{1}{10}$

걸린 시간	1~3분	3~5분	5~7분
맞은 개수	8~9개	6~7개	1~5개
평가	참 잘했어요.	잘했어요.	좀더 노력해요.

🕐 그림을 보고 □ 안에 알맞은 수를 써넣으시오. (5~9)

5 $2÷3=\frac{2}{3}$

6 $3÷4=\frac{3}{4}$

7 $3÷5=\frac{3}{5}$

8 $4÷5=\frac{4}{5}$

9 $5÷6=\frac{5}{6}$

1 몫이 1보다 작은 (자연수)÷(자연수)의 몫을 분수로 나타내기(2)

월   일

🕐 □ 안에 알맞은 수를 써넣으시오. (1~14)

1 $1÷8=\frac{1}{8}$

2 $1÷4=\frac{1}{4}$

3 $1÷7=\frac{1}{7}$

4 $1÷9=\frac{1}{9}$

5 $1÷6=\frac{1}{6}$

6 $1÷3=\frac{1}{3}$

7 $1÷11=\frac{1}{11}$

8 $1÷15=\frac{1}{15}$

9 $1÷13=\frac{1}{13}$

10 $1÷16=\frac{1}{16}$

11 $1÷18=\frac{1}{18}$

12 $1÷12=\frac{1}{12}$

13 $1÷25=\frac{1}{25}$

14 $1÷27=\frac{1}{27}$

걸린 시간	1~5분	5~8분	8~10분
맞은 개수	26~28개	20~25개	1~19개
평가	참 잘했어요.	잘했어요.	좀더 노력해요.

🕐 □ 안에 알맞은 수를 써넣으시오. (15~28)

15 $4÷7=\frac{4}{7}$

16 $3÷8=\frac{3}{8}$

17 $2÷5=\frac{2}{5}$

18 $4÷9=\frac{4}{9}$

19 $7÷8=\frac{7}{8}$

20 $9÷10=\frac{9}{10}$

21 $4÷11=\frac{4}{11}$

22 $5÷13=\frac{5}{13}$

23 $9÷14=\frac{9}{14}$

24 $8÷15=\frac{8}{15}$

25 $10÷17=\frac{10}{17}$

26 $13÷18=\frac{13}{18}$

27 $15÷19=\frac{15}{19}$

28 $24÷29=\frac{24}{29}$

몫이 1보다 작은 (자연수)÷(자연수)
의 몫을 분수로 나타내기(3)

 월 일

계산은 빠르고 정확하게!

걸린 시간	1~4분	4~6분	6~8분
맞은 개수	17~18개	13~16개	1~12개
평가	참 잘했어요.	잘했어요.	좀더 노력해요.

나눗셈의 몫을 분수로 나타내시오. (1~10)

1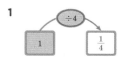

2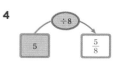

3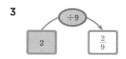

4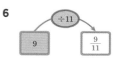

5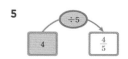

6

7

8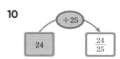

9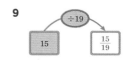

10

나눗셈의 몫을 분수로 나타내시오. (11~18)

11

12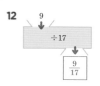

13

14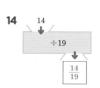

15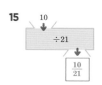

16

17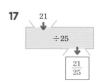

18

 몫이 1보다 큰 (자연수)÷(자연수)
의 몫을 분수로 나타내기(1)

 월 일

계산은 빠르고 정확하게!

걸린 시간	1~3분	3~5분	5~7분
맞은 개수	8개	6~7개	1~5개
평가	참 잘했어요.	잘했어요.	좀더 노력해요.

(자연수)÷(자연수)의 몫은 나누어지는 수를 분자, 나누는 수를 분모로 하여 분수로 나타냅니다.

예 $9 \div 7 = \frac{9}{7} = 1\frac{2}{7}$

그림을 보고 □ 안에 알맞은 수를 써넣으시오. (1~3)

1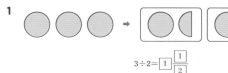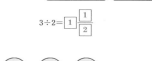
$3 \div 2 = 1\frac{1}{2}$

2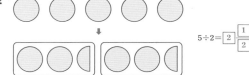
$5 \div 2 = 2\frac{1}{2}$

3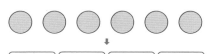
$6 \div 4 = 1\frac{1}{2}$

그림을 보고 □ 안에 알맞은 수를 써넣으시오. (4~8)

4 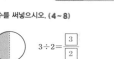 $3 \div 2 = \frac{3}{2}$

5  $4 \div 3 = \frac{4}{3}$

6 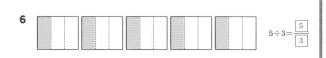 $5 \div 3 = \frac{5}{3}$

7 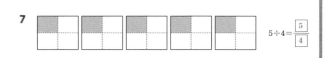 $5 \div 4 = \frac{5}{4}$

8  $6 \div 5 = \frac{6}{5}$

2 몫이 1보다 큰 (자연수)÷(자연수)의 몫을 분수로 나타내기 (2)

월 일

계산은 빠르고 정확하게!

걸린 시간	1~5분	5~7분	7~10분
맞은 개수	19~21개	15~18개	1~14개
평가	참 잘했어요.	잘했어요.	좀더 노력해요.

□ 안에 알맞은 수를 써넣으시오. (1~5)

1 $5 \div 3 = \boxed{1} \cdots \boxed{2}$ 이므로 먼저 1씩 나누고 나머지 $\boxed{2}$ 를 3으로 나누면 $\dfrac{2}{3}$ 입니다.

따라서 $5 \div 3 = \dfrac{\boxed{5}}{3} = 1\dfrac{\boxed{2}}{5}$ 입니다.

2 $7 \div 5 = \boxed{1} \cdots \boxed{2}$ 이므로 먼저 1씩 나누고 나머지 $\boxed{2}$ 를 5로 나누면 $\dfrac{2}{5}$ 입니다.

따라서 $7 \div 5 = \dfrac{\boxed{7}}{5} = 1\dfrac{\boxed{2}}{5}$ 입니다.

3 $9 \div 4 = \boxed{2} \cdots \boxed{1}$ 이므로 먼저 2씩 나누고 나머지 $\boxed{1}$ 을 4로 나누면 $\dfrac{1}{4}$ 입니다.

따라서 $9 \div 4 = \dfrac{\boxed{9}}{4} = 2\dfrac{\boxed{1}}{4}$ 입니다.

4 $10 \div 3 = \boxed{3} \cdots \boxed{1}$ 이므로 먼저 3씩 나누고 나머지 $\boxed{1}$ 을 3으로 나누면 $\dfrac{1}{3}$ 입니다.

따라서 $10 \div 3 = \dfrac{\boxed{10}}{3} = 3\dfrac{\boxed{1}}{3}$ 입니다.

5 $12 \div 5 = \boxed{2} \cdots \boxed{2}$ 이므로 먼저 2씩 나누고 나머지 $\boxed{2}$ 를 5로 나누면 $\dfrac{2}{5}$ 입니다.

따라서 $12 \div 5 = \dfrac{\boxed{12}}{5} = 2\dfrac{\boxed{2}}{5}$ 입니다.

나눗셈의 몫을 대분수로 나타내시오. (6~21)

6 $4 \div 3 = 1\dfrac{1}{3}$

7 $8 \div 5 = 1\dfrac{3}{5}$

8 $9 \div 2 = 4\dfrac{1}{2}$

9 $10 \div 7 = 1\dfrac{3}{7}$

10 $13 \div 5 = 2\dfrac{3}{5}$

11 $16 \div 7 = 2\dfrac{2}{7}$

12 $15 \div 4 = 3\dfrac{3}{4}$

13 $18 \div 5 = 3\dfrac{3}{5}$

14 $16 \div 9 = 1\dfrac{7}{9}$

15 $19 \div 8 = 2\dfrac{3}{8}$

16 $20 \div 11 = 1\dfrac{9}{11}$

17 $25 \div 13 = 1\dfrac{12}{13}$

18 $26 \div 15 = 1\dfrac{11}{15}$

19 $29 \div 10 = 2\dfrac{9}{10}$

20 $37 \div 12 = 3\dfrac{1}{12}$

21 $39 \div 14 = 2\dfrac{11}{14}$

2 몫이 1보다 큰 (자연수)÷(자연수)의 몫을 분수로 나타내기 (3)

월 일

계산은 빠르고 정확하게!

걸린 시간	1~5분	5~7분	7~10분
맞은 개수	19~21개	15~18개	1~14개
평가	참 잘했어요.	잘했어요.	좀더 노력해요.

□ 안에 알맞은 수를 써넣으시오. (1~5)

1 $1 \div 6 = \dfrac{1}{6}$ 이므로 $7 \div 6$ 은 $\dfrac{1}{6}$ 이 $\boxed{7}$ 개입니다.

따라서 $7 \div 6 = \dfrac{\boxed{7}}{6} = 1\dfrac{\boxed{1}}{6}$ 입니다.

2 $1 \div 5 = \dfrac{1}{5}$ 이므로 $9 \div 5$ 는 $\dfrac{1}{5}$ 이 $\boxed{9}$ 개입니다.

따라서 $9 \div 5 = \dfrac{\boxed{9}}{5} = 1\dfrac{\boxed{4}}{5}$ 입니다.

3 $1 \div 4 = \dfrac{1}{4}$ 이므로 $11 \div 4$ 는 $\dfrac{1}{4}$ 이 $\boxed{11}$ 개입니다.

따라서 $11 \div 4 = \dfrac{\boxed{11}}{4} = 2\dfrac{\boxed{3}}{4}$ 입니다.

4 $1 \div 3 = \dfrac{1}{3}$ 이므로 $13 \div 3$ 은 $\dfrac{1}{3}$ 이 $\boxed{13}$ 개입니다.

따라서 $13 \div 3 = \dfrac{\boxed{13}}{3} = 4\dfrac{\boxed{1}}{3}$ 입니다.

5 $1 \div 9 = \dfrac{1}{9}$ 이므로 $14 \div 9$ 는 $\dfrac{1}{9}$ 이 $\boxed{14}$ 개입니다.

따라서 $14 \div 9 = \dfrac{\boxed{14}}{9} = 1\dfrac{\boxed{5}}{9}$ 입니다.

나눗셈의 몫을 가분수로 나타내시오. (6~21)

6 $8 \div 5 = \dfrac{8}{5}$

7 $9 \div 4 = \dfrac{9}{4}$

8 $7 \div 3 = \dfrac{7}{3}$

9 $10 \div 3 = \dfrac{10}{3}$

10 $14 \div 5 = \dfrac{14}{5}$

11 $23 \div 4 = \dfrac{23}{4}$

12 $19 \div 8 = \dfrac{19}{8}$

13 $17 \div 6 = \dfrac{17}{6}$

14 $23 \div 7 = \dfrac{23}{7}$

15 $19 \div 2 = \dfrac{19}{2}$

16 $18 \div 11 = \dfrac{18}{11}$

17 $23 \div 15 = \dfrac{23}{15}$

18 $25 \div 21 = \dfrac{25}{21}$

19 $30 \div 17 = \dfrac{30}{17}$

20 $28 \div 13 = \dfrac{28}{13}$

21 $37 \div 15 = \dfrac{37}{15}$

2 몫이 1보다 큰 (자연수)÷(자연수)의 몫을 분수로 나타내기(4)

월 일

계산은 빠르고 정확하게!

걸린 시간	1~4분	4~6분	6~8분
맞은 개수	17~18개	13~16개	1~12개
평가	참 잘했어요.	잘했어요.	좀더 노력해요.

나눗셈의 몫을 가분수로 나타내시오. (1~10)

1

2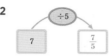

3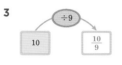

4

5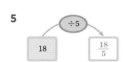

6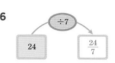

7

8

9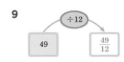

10

나눗셈의 몫을 대분수로 나타내시오. (11~18)

11

12

13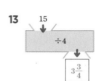

14

15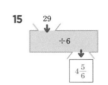

16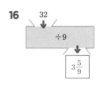

17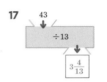

18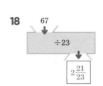

3 (진분수)÷(자연수)(1)

월 일

계산은 빠르고 정확하게!

걸린 시간	1~4분	4~6분	6~8분
맞은 개수	6개	5개	1~4개
평가	참 잘했어요.	잘했어요.	좀더 노력해요.

- 분자가 자연수의 배수일 때에는 분자를 자연수로 나눕니다.
$$\frac{4}{5}÷2=\frac{4÷2}{5}=\frac{2}{5}$$
- 분자가 자연수의 배수가 아닐 때에는 크기가 같은 분수 중에 분자가 자연수의 배수인 수로 바꾸어 계산합니다.
$$\frac{3}{5}÷2=\frac{3×2}{5×2}÷2=\frac{3×2÷2}{5×2}=\frac{3}{5×2}=\frac{3}{10}$$

그림을 보고 □ 안에 알맞은 수를 써넣으시오. (1~3)

1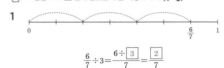
$$\frac{6}{7}÷3=\frac{6÷\boxed{3}}{7}=\frac{\boxed{2}}{7}$$

2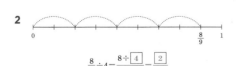
$$\frac{8}{9}÷4=\frac{8÷\boxed{4}}{9}=\frac{\boxed{2}}{9}$$

3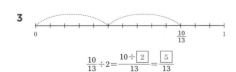
$$\frac{10}{13}÷2=\frac{10÷\boxed{2}}{13}=\frac{\boxed{5}}{13}$$

그림을 보고 □ 안에 알맞은 수를 써넣으시오. (4~6)

4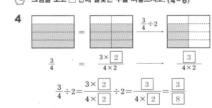
$$\frac{3}{4}=\frac{3×\boxed{2}}{4×2}\longrightarrow\frac{\boxed{3}}{4×2}$$
$$\frac{3}{4}÷2=\frac{3×\boxed{2}}{4×\boxed{2}}÷2=\frac{\boxed{3}}{4×\boxed{2}}=\frac{\boxed{3}}{8}$$

5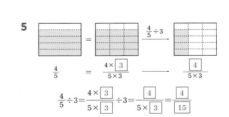
$$\frac{4}{5}=\frac{4×\boxed{3}}{5×3}\longrightarrow\frac{\boxed{4}}{5×3}$$
$$\frac{4}{5}÷3=\frac{4×\boxed{3}}{5×\boxed{3}}÷3=\frac{\boxed{4}}{5×\boxed{3}}=\frac{\boxed{4}}{15}$$

6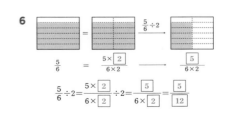
$$\frac{5}{6}=\frac{5×\boxed{2}}{6×2}\longrightarrow\frac{\boxed{5}}{6×2}$$
$$\frac{5}{6}÷2=\frac{5×\boxed{2}}{6×\boxed{2}}÷2=\frac{\boxed{5}}{6×\boxed{2}}=\frac{\boxed{5}}{12}$$

3 (진분수)÷(자연수) (2)

계산은 빠르고 정확하게!

걸린 시간	1~6분	6~9분	9~12분
맞은 개수	26~28개	20~25개	1~19개
평가	참 잘했어요.	잘했어요.	좀더 노력해요.

□ 안에 알맞은 수를 써넣으시오. (1~14)

1 $\frac{4}{7} \div 2 = \frac{\boxed{4} \div \boxed{2}}{7} = \frac{\boxed{2}}{7}$

2 $\frac{4}{5} \div 4 = \frac{\boxed{4} \div \boxed{4}}{5} = \frac{\boxed{1}}{5}$

3 $\frac{6}{11} \div 3 = \frac{\boxed{6} \div \boxed{3}}{11} = \frac{\boxed{2}}{11}$

4 $\frac{9}{10} \div 3 = \frac{\boxed{9} \div \boxed{3}}{10} = \frac{\boxed{3}}{10}$

5 $\frac{8}{9} \div 2 = \frac{\boxed{8} \div \boxed{2}}{9} = \frac{\boxed{4}}{9}$

6 $\frac{8}{13} \div 4 = \frac{\boxed{8} \div \boxed{4}}{13} = \frac{\boxed{2}}{13}$

7 $\frac{12}{13} \div 6 = \frac{\boxed{12} \div \boxed{6}}{13} = \frac{\boxed{2}}{13}$

8 $\frac{15}{16} \div 5 = \frac{\boxed{15} \div \boxed{5}}{16} = \frac{\boxed{3}}{16}$

9 $\frac{10}{13} \div 2 = \frac{\boxed{10} \div \boxed{2}}{13} = \frac{\boxed{5}}{13}$

10 $\frac{14}{15} \div 7 = \frac{\boxed{14} \div \boxed{7}}{15} = \frac{\boxed{2}}{15}$

11 $\frac{18}{19} \div 9 = \frac{\boxed{18} \div \boxed{9}}{19} = \frac{\boxed{2}}{19}$

12 $\frac{9}{20} \div 3 = \frac{\boxed{9} \div \boxed{3}}{20} = \frac{\boxed{3}}{20}$

13 $\frac{21}{23} \div 7 = \frac{\boxed{21} \div \boxed{7}}{23} = \frac{\boxed{3}}{23}$

14 $\frac{28}{29} \div 7 = \frac{\boxed{28} \div \boxed{7}}{29} = \frac{\boxed{4}}{29}$

계산을 하시오. (15~28)

15 $\frac{8}{9} \div 4 = \frac{2}{9}$

16 $\frac{5}{8} \div 5 = \frac{1}{8}$

17 $\frac{7}{10} \div 7 = \frac{1}{10}$

18 $\frac{8}{9} \div 4 = \frac{2}{9}$

19 $\frac{14}{15} \div 2 = \frac{7}{15}$

20 $\frac{12}{17} \div 4 = \frac{3}{17}$

21 $\frac{8}{15} \div 2 = \frac{4}{15}$

22 $\frac{15}{17} \div 5 = \frac{3}{17}$

23 $\frac{18}{19} \div 3 = \frac{6}{19}$

24 $\frac{11}{20} \div 11 = \frac{1}{20}$

25 $\frac{24}{25} \div 6 = \frac{4}{25}$

26 $\frac{35}{41} \div 7 = \frac{5}{41}$

27 $\frac{26}{29} \div 13 = \frac{2}{29}$

28 $\frac{30}{37} \div 15 = \frac{2}{37}$

3 (진분수)÷(자연수) (3)

계산은 빠르고 정확하게!

걸린 시간	1~6분	6~9분	9~12분
맞은 개수	19~21개	15~18개	1~14개
평가	참 잘했어요.	잘했어요.	좀더 노력해요.

□ 안에 알맞은 수를 써넣으시오. (1~7)

1 $\frac{5}{6} \div 2 = \frac{5 \times \boxed{2}}{6 \times \boxed{2}} \div 2 = \frac{5 \times \boxed{2} \div 2}{6 \times \boxed{2}} = \frac{\boxed{5}}{6 \times \boxed{2}} = \frac{5}{\boxed{12}}$

2 $\frac{7}{9} \div 3 = \frac{7 \times \boxed{3}}{9 \times \boxed{3}} \div 3 = \frac{7 \times \boxed{3} \div 3}{9 \times \boxed{3}} = \frac{\boxed{7}}{9 \times \boxed{3}} = \frac{7}{\boxed{27}}$

3 $\frac{5}{8} \div 4 = \frac{5 \times \boxed{4}}{8 \times \boxed{4}} \div 4 = \frac{5 \times \boxed{4} \div 4}{8 \times \boxed{4}} = \frac{\boxed{5}}{8 \times \boxed{4}} = \frac{5}{\boxed{32}}$

4 $\frac{7}{10} \div 3 = \frac{7 \times \boxed{3}}{10 \times \boxed{3}} \div 3 = \frac{7 \times \boxed{3} \div 3}{10 \times \boxed{3}} = \frac{\boxed{7}}{10 \times \boxed{3}} = \frac{7}{\boxed{30}}$

5 $\frac{5}{12} \div 6 = \frac{5 \times \boxed{6}}{12 \times \boxed{6}} \div 6 = \frac{5 \times \boxed{6} \div 6}{12 \times \boxed{6}} = \frac{\boxed{5}}{12 \times \boxed{6}} = \frac{5}{\boxed{72}}$

6 $\frac{8}{13} \div 3 = \frac{8 \times \boxed{3}}{13 \times \boxed{3}} \div 3 = \frac{8 \times \boxed{3} \div 3}{13 \times \boxed{3}} = \frac{\boxed{8}}{13 \times \boxed{3}} = \frac{8}{\boxed{39}}$

7 $\frac{11}{15} \div 4 = \frac{11 \times \boxed{4}}{15 \times \boxed{4}} \div 4 = \frac{11 \times \boxed{4} \div 4}{15 \times \boxed{4}} = \frac{\boxed{11}}{15 \times \boxed{4}} = \frac{11}{\boxed{60}}$

계산을 하시오. (8~21)

8 $\frac{7}{9} \div 5 = \frac{7}{45}$

9 $\frac{3}{8} \div 2 = \frac{3}{16}$

10 $\frac{9}{10} \div 5 = \frac{9}{50}$

11 $\frac{7}{11} \div 5 = \frac{7}{55}$

12 $\frac{4}{5} \div 3 = \frac{4}{15}$

13 $\frac{11}{12} \div 3 = \frac{11}{36}$

14 $\frac{7}{15} \div 6 = \frac{7}{90}$

15 $\frac{7}{12} \div 2 = \frac{7}{24}$

16 $\frac{9}{11} \div 4 = \frac{9}{44}$

17 $\frac{8}{15} \div 3 = \frac{8}{45}$

18 $\frac{14}{17} \div 3 = \frac{14}{51}$

19 $\frac{3}{10} \div 7 = \frac{3}{70}$

20 $\frac{5}{16} \div 3 = \frac{5}{48}$

21 $\frac{17}{21} \div 2 = \frac{17}{42}$

3 (진분수)÷(자연수)(4)

학습 날짜
월 일

계산은 빠르고 정확하게!

걸린 시간	1~6분	6~9분	9~12분
맞은 개수	17~18개	13~16개	1~12개
평가	참 잘했어요	잘했어요	좀더 노력해요

⏱ 빈 곳에 알맞은 수를 써넣으시오. (1~10)

1
$\frac{5}{8}$ ÷3 → $\frac{5}{24}$

2
$\frac{9}{10}$ ÷3 → $\frac{3}{10}$

3
$\frac{5}{9}$ ÷4 → $\frac{5}{36}$

4
$\frac{6}{7}$ ÷5 → $\frac{6}{35}$

5
$\frac{7}{12}$ ÷5 → $\frac{7}{60}$

6
$\frac{8}{11}$ ÷4 → $\frac{2}{11}$

7
$\frac{7}{10}$ ÷4 → $\frac{7}{40}$

8
$\frac{16}{21}$ ÷8 → $\frac{2}{21}$

9
$\frac{8}{13}$ ÷2 → $\frac{4}{13}$

10
$\frac{13}{15}$ ÷4 → $\frac{13}{60}$

⏱ □ 안에 알맞은 수를 써넣으시오. (11~18)

11
$\frac{3}{10}$ → ÷5 → $\frac{3}{50}$

12
$\frac{9}{14}$ → ÷3 → $\frac{3}{14}$

13
$\frac{7}{8}$ → ÷2 → $\frac{7}{16}$

14
$\frac{5}{9}$ → ÷6 → $\frac{5}{54}$

15
$\frac{11}{15}$ → ÷4 → $\frac{11}{60}$

16
$\frac{5}{12}$ → ÷10 → $\frac{1}{24}$

17
$\frac{14}{15}$ → ÷21 → $\frac{2}{45}$

18
$\frac{9}{28}$ → ÷27 → $\frac{1}{84}$

---

4 (진분수)÷(자연수)를 분수의 곱셈으로 나타내어 계산하기 (1)

학습 날짜
월 일

계산은 빠르고 정확하게!

걸린 시간	1~4분	4~6분	6~8분
맞은 개수	8개	6~7개	1~5개
평가	참 잘했어요	잘했어요	좀더 노력해요

• $\frac{3}{4}$÷3을 곱셈으로 나타내기

 ➡

• (진분수)÷(자연수)는 나눗셈을 곱셈으로 고친 후 나누는 수인 자연수를 분모에 곱하여 계산하고, 약분이 되면 약분합니다.

$$\frac{\blacktriangle}{\bullet}÷\blacksquare=\frac{\blacktriangle}{\bullet}×\frac{1}{\blacksquare}=\frac{\blacktriangle}{\bullet×\blacksquare}$$

$$\frac{3}{4}÷3=\frac{3}{4}×\frac{1}{3}=\frac{\overset{1}{3}}{4×\underset{1}{3}}=\frac{1}{4}$$

⏱ 그림을 보고 □ 안에 알맞은 수를 써넣으시오. (1~3)

1
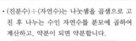 ÷2

$$\frac{5}{6}÷2=\frac{5}{6}×\frac{1}{\boxed{2}}=\frac{\boxed{5}}{\boxed{12}}$$

2
÷5

$$\frac{1}{3}÷5=\frac{1}{3}×\frac{1}{\boxed{5}}=\frac{\boxed{1}}{\boxed{15}}$$

3
÷3

$$\frac{4}{5}÷3=\frac{4}{5}×\frac{1}{\boxed{3}}=\frac{\boxed{4}}{\boxed{15}}$$

⏱ 그림을 보고 □ 안에 알맞은 수를 써넣으시오. (4~8)

4
$\frac{2}{3}$ ÷4

$$\frac{2}{3}÷4=\frac{2}{3}×\frac{1}{\boxed{4}}=\frac{\boxed{2}}{\boxed{12}}=\frac{1}{\boxed{6}}$$

5
$\frac{4}{5}$ ÷2

$$\frac{4}{5}÷2=\frac{4}{5}×\frac{1}{\boxed{2}}=\frac{\boxed{4}}{\boxed{10}}=\frac{\boxed{2}}{5}$$

6
$\frac{2}{5}$ ÷4

$$\frac{2}{5}÷4=\frac{2}{5}×\frac{1}{\boxed{4}}=\frac{\boxed{2}}{\boxed{20}}=\frac{\boxed{1}}{\boxed{10}}$$

7
$\frac{3}{4}$ ÷3

$$\frac{3}{4}÷3=\frac{3}{4}×\frac{1}{\boxed{3}}=\frac{\boxed{3}}{\boxed{12}}=\frac{\boxed{1}}{\boxed{4}}$$

8
$\frac{5}{7}$ ÷5

$$\frac{5}{7}÷5=\frac{5}{7}×\frac{1}{\boxed{5}}=\frac{\boxed{5}}{\boxed{35}}=\frac{\boxed{1}}{\boxed{7}}$$

 4 (진분수)÷(자연수)를 분수의 곱셈으로 나타내어 계산하기(2)

월 일

⏰ □ 안에 알맞은 수를 써넣으시오. (1~14)

1 $\frac{1}{4} \div 5 = \frac{1}{4} \times \frac{1}{\boxed{5}} = \frac{1}{\boxed{20}}$

2 $\frac{1}{5} \div 3 = \frac{1}{5} \times \frac{1}{\boxed{3}} = \frac{1}{\boxed{15}}$

3 $\frac{2}{5} \div 3 = \frac{2}{5} \times \frac{1}{\boxed{3}} = \boxed{\frac{2}{15}}$

4 $\frac{5}{6} \div 2 = \frac{5}{6} \times \frac{1}{\boxed{2}} = \boxed{\frac{5}{12}}$

5 $\frac{3}{8} \div 5 = \frac{3}{8} \times \frac{1}{\boxed{5}} = \boxed{\frac{3}{40}}$

6 $\frac{5}{7} \div 3 = \frac{5}{7} \times \frac{1}{\boxed{3}} = \boxed{\frac{5}{21}}$

7 $\frac{3}{4} \div 7 = \frac{3}{4} \times \frac{1}{\boxed{7}} = \boxed{\frac{3}{28}}$

8 $\frac{2}{9} \div 3 = \frac{2}{9} \times \frac{1}{\boxed{3}} = \boxed{\frac{2}{27}}$

9 $\frac{4}{7} \div 3 = \frac{4}{7} \times \frac{1}{\boxed{3}} = \boxed{\frac{4}{21}}$

10 $\frac{7}{8} \div 4 = \frac{7}{8} \times \frac{1}{\boxed{4}} = \boxed{\frac{7}{32}}$

11 $\frac{7}{10} \div 2 = \frac{7}{10} \times \frac{1}{\boxed{2}} = \boxed{\frac{7}{20}}$

12 $\frac{8}{11} \div 3 = \frac{8}{11} \times \frac{1}{\boxed{3}} = \boxed{\frac{8}{33}}$

13 $\frac{4}{15} \div 5 = \frac{4}{15} \times \frac{1}{\boxed{5}} = \boxed{\frac{4}{75}}$

14 $\frac{11}{12} \div 4 = \frac{11}{12} \times \frac{1}{\boxed{4}} = \boxed{\frac{11}{48}}$

⏰ 계산을 하시오. (15~28)

15 $\frac{1}{2} \div 3 = \frac{1}{6}$

16 $\frac{1}{8} \div 7 = \frac{1}{56}$

17 $\frac{1}{5} \div 5 = \frac{1}{25}$

18 $\frac{1}{9} \div 4 = \frac{1}{36}$

19 $\frac{3}{4} \div 2 = \frac{3}{8}$

20 $\frac{3}{7} \div 4 = \frac{3}{28}$

21 $\frac{5}{8} \div 3 = \frac{5}{24}$

22 $\frac{5}{6} \div 3 = \frac{5}{18}$

23 $\frac{8}{9} \div 5 = \frac{8}{45}$

24 $\frac{6}{7} \div 5 = \frac{6}{35}$

25 $\frac{9}{10} \div 2 = \frac{9}{20}$

26 $\frac{11}{13} \div 3 = \frac{11}{39}$

27 $\frac{13}{18} \div 4 = \frac{13}{72}$

28 $\frac{9}{16} \div 5 = \frac{9}{80}$

---

 4 (진분수)÷(자연수)를 분수의 곱셈으로 나타내어 계산하기(3)

월 일

⏰ □ 안에 알맞은 수를 써넣으시오. (1~14)

1 $\frac{2}{5} \div 2 = \frac{2}{5} \times \frac{1}{\boxed{2}} = \frac{2}{\boxed{10}} = \boxed{\frac{1}{5}}$

2 $\frac{3}{4} \div 3 = \frac{3}{4} \times \frac{1}{\boxed{3}} = \frac{3}{\boxed{12}} = \boxed{\frac{1}{4}}$

3 $\frac{6}{7} \div 3 = \frac{6}{7} \times \frac{1}{\boxed{3}} = \frac{6}{\boxed{21}} = \boxed{\frac{2}{7}}$

4 $\frac{5}{8} \div 5 = \frac{5}{8} \times \frac{1}{\boxed{5}} = \frac{5}{\boxed{40}} = \boxed{\frac{1}{8}}$

5 $\frac{8}{9} \div 4 = \frac{8}{9} \times \frac{1}{\boxed{4}} = \frac{8}{\boxed{36}} = \boxed{\frac{2}{9}}$

6 $\frac{4}{5} \div 2 = \frac{4}{5} \times \frac{1}{\boxed{2}} = \frac{4}{\boxed{10}} = \boxed{\frac{2}{5}}$

7 $\frac{2}{7} \div 4 = \frac{2}{7} \times \frac{1}{\boxed{4}} = \frac{2}{\boxed{28}} = \boxed{\frac{1}{14}}$

8 $\frac{4}{9} \div 6 = \frac{4}{9} \times \frac{1}{\boxed{6}} = \frac{4}{\boxed{54}} = \boxed{\frac{2}{27}}$

9 $\frac{9}{10} \div 3 = \frac{\overset{3}{9}}{10} \times \frac{1}{\underset{1}{3}} = \boxed{\frac{3}{10}}$

10 $\frac{8}{11} \div 4 = \frac{\overset{2}{8}}{11} \times \frac{1}{\underset{1}{4}} = \boxed{\frac{2}{11}}$

11 $\frac{12}{13} \div 8 = \frac{\overset{3}{12}}{13} \times \frac{1}{\underset{2}{8}} = \boxed{\frac{3}{26}}$

12 $\frac{10}{11} \div 5 = \frac{\overset{2}{10}}{11} \times \frac{1}{\underset{1}{5}} = \boxed{\frac{2}{11}}$

13 $\frac{6}{17} \div 8 = \frac{\overset{3}{6}}{17} \times \frac{1}{\underset{4}{8}} = \boxed{\frac{3}{68}}$

14 $\frac{14}{15} \div 7 = \frac{\overset{2}{14}}{15} \times \frac{1}{\underset{1}{7}} = \boxed{\frac{2}{15}}$

⏰ 계산을 하여 기약분수로 나타내시오. (15~28)

15 $\frac{4}{5} \div 4 = \frac{1}{5}$

16 $\frac{8}{9} \div 2 = \frac{4}{9}$

17 $\frac{2}{7} \div 6 = \frac{1}{21}$

18 $\frac{5}{8} \div 10 = \frac{1}{16}$

19 $\frac{3}{4} \div 9 = \frac{1}{12}$

20 $\frac{6}{7} \div 3 = \frac{2}{7}$

21 $\frac{2}{3} \div 4 = \frac{1}{6}$

22 $\frac{4}{9} \div 8 = \frac{1}{18}$

23 $\frac{9}{10} \div 6 = \frac{3}{20}$

24 $\frac{8}{11} \div 10 = \frac{4}{55}$

25 $\frac{6}{13} \div 9 = \frac{2}{39}$

26 $\frac{14}{15} \div 4 = \frac{7}{30}$

27 $\frac{15}{19} \div 10 = \frac{3}{38}$

28 $\frac{16}{17} \div 8 = \frac{2}{17}$

4 (진분수)÷(자연수)를 분수의 곱셈으로 나타내어 계산하기(4)

월 일

빈 곳에 알맞은 수를 써넣으시오. (1~10)

1
 $\frac{3}{5}$ ÷4 → $\frac{3}{20}$

2
 $\frac{6}{7}$ ÷4 → $\frac{3}{14}$

3
$\frac{7}{8}$ ÷5 → $\frac{7}{40}$

4
$\frac{3}{4}$ ÷6 → $\frac{1}{8}$

5
$\frac{4}{9}$ ÷7 → $\frac{4}{63}$

6
$\frac{8}{11}$ ÷2 → $\frac{4}{11}$

7
$\frac{9}{14}$ ÷2 → $\frac{9}{28}$

8
$\frac{14}{17}$ ÷4 → $\frac{7}{34}$

9
$\frac{7}{12}$ ÷3 → $\frac{7}{36}$

10
$\frac{18}{19}$ ÷12 → $\frac{3}{38}$

계산은 빠르고 정확하게!

걸린 시간	1~6분	6~9분	9~12분
맞은 개수	17~18개	13~16개	1~12개
평가	참 잘했어요.	잘했어요.	좀더 노력해요.

□ 안에 알맞은 수를 써넣으시오. (11~18)

11
$\frac{7}{8}$ ↓ ÷2 ↓ $\frac{7}{16}$

12
$\frac{4}{9}$ ↓ ÷14 ↓ $\frac{2}{63}$

13
$\frac{2}{5}$ ↓ ÷5 ↓ $\frac{2}{25}$

14
$\frac{9}{10}$ ↓ ÷3 ↓ $\frac{3}{10}$

15
$\frac{4}{11}$ ↓ ÷7 ↓ $\frac{4}{77}$

16
$\frac{8}{13}$ ↓ ÷6 ↓ $\frac{4}{39}$

17
$\frac{11}{15}$ ↓ ÷3 ↓ $\frac{11}{45}$

18
$\frac{14}{17}$ ↓ ÷21 ↓ $\frac{2}{51}$

5 (가분수)÷(자연수)(1)

월 일

- 분자가 자연수의 배수인 경우 분자를 자연수로 나눕니다.
$$\frac{6}{5} \div 3 = \frac{6 \div 3}{5} = \frac{2}{5}$$
- 분자가 자연수의 배수가 아닌 경우 자연수를 $\frac{1}{(자연수)}$로 바꾼 다음 곱합니다.
$$\frac{7}{5} \div 3 = \frac{7}{5} \times \frac{1}{3} = \frac{7}{15}$$

수직선을 보고 □ 안에 알맞은 수를 써넣으시오. (1~3)

1
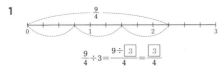
$$\frac{9}{4} \div 3 = \frac{9 \div \boxed{3}}{4} = \frac{\boxed{3}}{4}$$

2
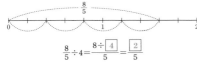
$$\frac{8}{5} \div 4 = \frac{8 \div \boxed{4}}{5} = \frac{\boxed{2}}{5}$$

3
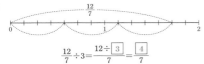
$$\frac{12}{7} \div 3 = \frac{12 \div \boxed{3}}{7} = \frac{\boxed{4}}{7}$$

계산은 빠르고 정확하게!

걸린 시간	1~3분	3~5분	5~7분
맞은 개수	7개	6개	1~5개
평가	참 잘했어요.	잘했어요.	좀더 노력해요.

그림을 보고 □ 안에 알맞은 수를 써넣으시오. (4~7)

4
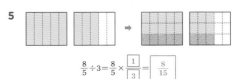
$$\frac{7}{4} \div 4 = \frac{7}{4} \times \frac{1}{\boxed{4}} = \frac{7}{\boxed{16}}$$

5
$$\frac{8}{5} \div 3 = \frac{8}{5} \times \frac{1}{\boxed{3}} = \frac{8}{\boxed{15}}$$

6
$$\frac{11}{6} \div 2 = \frac{11}{6} \times \frac{1}{\boxed{2}} = \frac{11}{\boxed{12}}$$

7
$$\frac{10}{7} \div 5 = \frac{10}{7} \times \frac{1}{\boxed{5}} = \frac{10}{\boxed{35}} = \frac{2}{\boxed{7}}$$

5 (가분수)÷(자연수)(2)

 월 일

 계산은 빠르고 정확하게!

걸린 시간	1~7분	7~10분	10~14분
맞은 개수	26~28개	21~25개	1~20개
평가	참 잘했어요.	잘했어요.	좀더 노력해요.

□ 안에 알맞은 수를 써넣으시오. (1~14)

1 $\frac{8}{3}÷4=\frac{8÷\boxed{4}}{3}=\boxed{\frac{2}{3}}$

2 $\frac{5}{4}÷5=\frac{5÷\boxed{5}}{4}=\boxed{\frac{1}{4}}$

3 $\frac{6}{5}÷3=\frac{6÷\boxed{3}}{5}=\boxed{\frac{2}{5}}$

4 $\frac{9}{4}÷3=\frac{9÷\boxed{3}}{4}=\boxed{\frac{3}{4}}$

5 $\frac{15}{7}÷5=\frac{15÷\boxed{5}}{7}=\boxed{\frac{3}{7}}$

6 $\frac{14}{9}÷2=\frac{14÷\boxed{2}}{9}=\boxed{\frac{7}{9}}$

7 $\frac{16}{5}÷4=\frac{16÷\boxed{4}}{5}=\boxed{\frac{4}{5}}$

8 $\frac{21}{8}÷7=\frac{21÷\boxed{7}}{8}=\boxed{\frac{3}{8}}$

9 $\frac{12}{7}÷6=\frac{12÷\boxed{6}}{7}=\boxed{\frac{2}{7}}$

10 $\frac{20}{9}÷4=\frac{20÷\boxed{4}}{9}=\boxed{\frac{5}{9}}$

11 $\frac{18}{11}÷3=\frac{18÷\boxed{3}}{11}=\boxed{\frac{6}{11}}$

12 $\frac{15}{13}÷3=\frac{15÷\boxed{3}}{13}=\boxed{\frac{5}{13}}$

13 $\frac{25}{13}÷5=\frac{25÷\boxed{5}}{13}=\boxed{\frac{5}{13}}$

14 $\frac{24}{17}÷6=\frac{24÷\boxed{6}}{17}=\boxed{\frac{4}{17}}$

계산을 하시오. (15~28)

15 $\frac{5}{2}÷5=\frac{1}{2}$

16 $\frac{10}{3}÷5=\frac{2}{3}$

17 $\frac{18}{7}÷3=\frac{6}{7}$

18 $\frac{16}{9}÷8=\frac{2}{9}$

19 $\frac{21}{4}÷7=\frac{3}{4}$

20 $\frac{12}{5}÷6=\frac{2}{5}$

21 $\frac{35}{6}÷7=\frac{5}{6}$

22 $\frac{25}{8}÷5=\frac{5}{8}$

23 $\frac{50}{7}÷10=\frac{5}{7}$

24 $\frac{24}{5}÷6=\frac{4}{5}$

25 $\frac{27}{10}÷9=\frac{3}{10}$

26 $\frac{36}{11}÷6=\frac{6}{11}$

27 $\frac{49}{15}÷7=\frac{7}{15}$

28 $\frac{33}{14}÷11=\frac{3}{14}$

5 (가분수)÷(자연수)(3)

 월 일

 계산은 빠르고 정확하게!

걸린 시간	1~8분	8~12분	12~16분
맞은 개수	26~28개	20~25개	1~19개
평가	참 잘했어요.	잘했어요.	좀더 노력해요.

□ 안에 알맞은 수를 써넣으시오. (1~14)

1 $\frac{7}{3}÷3=\frac{7}{3}×\frac{1}{\boxed{3}}=\boxed{\frac{7}{9}}$

2 $\frac{9}{5}÷4=\frac{9}{5}×\frac{1}{\boxed{4}}=\boxed{\frac{9}{20}}$

3 $\frac{11}{4}÷5=\frac{11}{4}×\frac{1}{\boxed{5}}=\boxed{\frac{11}{20}}$

4 $\frac{13}{6}÷3=\frac{13}{6}×\frac{1}{\boxed{3}}=\boxed{\frac{13}{18}}$

5 $\frac{10}{9}÷3=\frac{10}{9}×\frac{1}{\boxed{3}}=\boxed{\frac{10}{27}}$

6 $\frac{15}{8}÷7=\frac{15}{8}×\frac{1}{\boxed{7}}=\boxed{\frac{15}{56}}$

7 $\frac{13}{4}÷6=\frac{13}{4}×\frac{1}{\boxed{6}}=\boxed{\frac{13}{24}}$

8 $\frac{7}{2}÷4=\frac{7}{2}×\frac{1}{\boxed{4}}=\boxed{\frac{7}{8}}$

9 $\frac{12}{5}÷8=\frac{\overset{3}{12}}{5}×\frac{1}{\underset{2}{8}}=\boxed{\frac{3}{10}}$

10 $\frac{15}{7}÷6=\frac{\overset{5}{15}}{7}×\frac{1}{\underset{2}{6}}=\boxed{\frac{5}{14}}$

11 $\frac{9}{5}÷6=\frac{\overset{3}{9}}{5}×\frac{1}{\underset{2}{6}}=\boxed{\frac{3}{10}}$

12 $\frac{27}{8}÷18=\frac{\overset{3}{27}}{8}×\frac{1}{\underset{2}{18}}=\boxed{\frac{3}{16}}$

13 $\frac{16}{9}÷20=\frac{\overset{4}{16}}{9}×\frac{1}{\underset{5}{20}}=\boxed{\frac{4}{45}}$

14 $\frac{30}{11}÷12=\frac{\overset{5}{30}}{11}×\frac{1}{\underset{2}{12}}=\boxed{\frac{5}{22}}$

계산을 하여 기약분수로 나타내시오. (15~28)

15 $\frac{8}{5}÷3=\frac{8}{15}$

16 $\frac{21}{4}÷6=\frac{7}{8}$

17 $\frac{11}{9}÷4=\frac{11}{36}$

18 $\frac{15}{8}÷9=\frac{5}{24}$

19 $\frac{17}{6}÷5=\frac{17}{30}$

20 $\frac{16}{7}÷6=\frac{8}{21}$

21 $\frac{15}{8}÷4=\frac{15}{32}$

22 $\frac{20}{9}÷8=\frac{5}{18}$

23 $\frac{19}{10}÷5=\frac{19}{50}$

24 $\frac{45}{14}÷12=\frac{15}{56}$

25 $\frac{29}{12}÷6=\frac{29}{72}$

26 $\frac{28}{13}÷16=\frac{7}{52}$

27 $\frac{31}{15}÷3=\frac{31}{45}$

28 $\frac{50}{21}÷15=\frac{10}{63}$

5 (가분수) ÷ (자연수) (4)

월 일

걸린 시간	1~6분	6~9분	9~12분
맞은 개수	17~18개	13~16개	1~12개
평가	참 잘했어요.	잘했어요.	좀더 노력해요.

🕐 빈 곳에 알맞은 수를 써넣으시오. (1~10)

1 ÷4: $\frac{5}{4}$ → $\frac{5}{16}$

2 ÷5: $\frac{8}{3}$ → $\frac{8}{15}$

3 ÷7: $\frac{14}{9}$ → $\frac{2}{9}$

4 ÷5: $\frac{8}{7}$ → $\frac{8}{35}$

5 ÷3: $\frac{7}{6}$ → $\frac{7}{18}$

6 ÷3: $\frac{5}{2}$ → $\frac{5}{6}$

7 ÷5: $\frac{10}{7}$ → $\frac{2}{7}$

8 ÷10: $\frac{15}{8}$ → $\frac{3}{16}$

9 ÷8: $\frac{22}{5}$ → $\frac{11}{20}$

10 ÷13: $\frac{26}{7}$ → $\frac{2}{7}$

🕐 □ 안에 알맞은 수를 써넣으시오. (11~18)

11 $\frac{13}{8}$ ÷6 → $\frac{13}{48}$

12 $\frac{11}{9}$ ÷6 → $\frac{11}{54}$

13 $\frac{15}{4}$ ÷9 → $\frac{5}{12}$

14 $\frac{12}{7}$ ÷3 → $\frac{4}{7}$

15 $\frac{17}{10}$ ÷8 → $\frac{17}{80}$

16 $\frac{15}{13}$ ÷7 → $\frac{15}{91}$

17 $\frac{32}{21}$ ÷16 → $\frac{2}{21}$

18 $\frac{35}{24}$ ÷28 → $\frac{5}{96}$

---

6 (대분수) ÷ (자연수) (1)

월 일

걸린 시간	1~4분	4~6분	6~8분
맞은 개수	7개	6개	1~5개
평가	참 잘했어요.	잘했어요.	좀더 노력해요.

(대분수) ÷ (자연수)는 대분수를 가분수로 고치고 나눗셈을 곱셈으로 고친 후 약분이 되면 약분하여 계산합니다.

방법 ① 계산 마지막 과정에서 약분하기

$$1\frac{4}{5} \div 3 = \frac{9}{5} \times \frac{1}{3} = \frac{9}{15} = \frac{3}{5}$$

방법 ② 계산 도중에 약분하기

$$1\frac{4}{5} \div 3 = \frac{9}{5} \times \frac{1}{3} = \frac{3}{5}$$

🕐 수직선을 보고 □ 안에 알맞은 수를 써넣으시오. (1~3)

1

$1\frac{1}{5} = \frac{6}{5}$

$$1\frac{1}{5} \div 3 = \frac{6}{5} \div 3 = \frac{6 \div 3}{5} = \frac{2}{5}$$

2

$2\frac{1}{4} = \frac{9}{4}$

$$2\frac{1}{4} \div 3 = \frac{9}{4} \div 3 = \frac{9 \div 3}{4} = \frac{3}{4}$$

3

$2\frac{2}{3} = \frac{8}{3}$

$$2\frac{2}{3} \div 4 = \frac{8}{3} \div 4 = \frac{8 \div 4}{3} = \frac{2}{3}$$

🕐 그림을 보고 □ 안에 알맞은 수를 써넣으시오. (4~7)

4

$$1\frac{1}{4} \div 2 = \frac{5}{4} \div 2 = \frac{5}{4} \times \frac{1}{2} = \frac{5}{8}$$

5

$$1\frac{2}{3} \div 3 = \frac{5}{3} \div 3 = \frac{5}{3} \times \frac{1}{3} = \frac{5}{9}$$

6

$$2\frac{2}{5} \div 4 = \frac{12}{5} \div 4 = \frac{12}{5} \times \frac{1}{4} = \frac{12}{20} = \frac{3}{5}$$

7

$$2\frac{1}{4} \div 3 = \frac{9}{4} \div 3 = \frac{9}{4} \times \frac{1}{3} = \frac{9}{12} = \frac{3}{4}$$

6 (대분수) ÷ (자연수) (2)

월 일

계산은 빠르고 정확하게!

걸린 시간	1~8분	8~12분	12~16분
맞은 개수	22~24개	17~21개	1~16개
평가	참 잘했어요.	잘했어요.	좀더 노력해요.

□ 안에 알맞은 수를 써넣으시오. (1~10)

1 $1\frac{2}{3} \div 3 = \frac{5}{3} \div 3 = \frac{5}{3} \times \frac{1}{3}$
$= \frac{5}{9}$

2 $2\frac{3}{4} \div 4 = \frac{11}{4} \div 4 = \frac{11}{4} \times \frac{1}{4}$
$= \frac{11}{16}$

3 $2\frac{1}{4} \div 5 = \frac{9}{4} \div 5 = \frac{9}{4} \times \frac{1}{5}$
$= \frac{9}{20}$

4 $3\frac{2}{3} \div 5 = \frac{11}{3} \div 5 = \frac{11}{3} \times \frac{1}{5}$
$= \frac{11}{15}$

5 $2\frac{3}{5} \div 4 = \frac{13}{5} \div 4 = \frac{13}{5} \times \frac{1}{4}$
$= \frac{13}{20}$

6 $1\frac{3}{4} \div 6 = \frac{7}{4} \div 6 = \frac{7}{4} \times \frac{1}{6}$
$= \frac{7}{24}$

7 $2\frac{5}{6} \div 4 = \frac{17}{6} \div 4 = \frac{17}{6} \times \frac{1}{4}$
$= \frac{17}{24}$

8 $1\frac{2}{3} \div 3 = \frac{5}{3} \div 3 = \frac{5}{3} \times \frac{1}{3}$
$= \frac{5}{9}$

9 $3\frac{4}{9} \div 5 = \frac{31}{9} \div 5 = \frac{31}{9} \times \frac{1}{5}$
$= \frac{31}{45}$

10 $2\frac{3}{10} \div 7 = \frac{23}{10} \div 7 = \frac{23}{10} \times \frac{1}{7}$
$= \frac{23}{70}$

계산을 하시오. (11~24)

11 $2\frac{3}{4} \div 3 = \frac{11}{12}$

12 $1\frac{1}{9} \div 7 = \frac{10}{63}$

13 $3\frac{2}{7} \div 4 = \frac{23}{28}$

14 $5\frac{3}{5} \div 9 = \frac{28}{45}$

15 $4\frac{2}{3} \div 5 = \frac{14}{15}$

16 $4\frac{1}{2} \div 8 = \frac{9}{16}$

17 $3\frac{5}{8} \div 4 = \frac{29}{32}$

18 $3\frac{2}{9} \div 5 = \frac{29}{45}$

19 $2\frac{7}{10} \div 3 = \frac{9}{10}$

20 $4\frac{3}{11} \div 6 = \frac{47}{66}$

21 $3\frac{4}{15} \div 2 = 1\frac{19}{30}$

22 $5\frac{5}{12} \div 3 = 1\frac{29}{36}$

23 $4\frac{7}{13} \div 3 = 1\frac{20}{39}$

24 $8\frac{1}{14} \div 6 = 1\frac{29}{84}$

---

6 (대분수) ÷ (자연수) (3)

월 일

계산은 빠르고 정확하게!

걸린 시간	1~10분	10~15분	15~20분
맞은 개수	22~24개	17~21개	1~16개
평가	참 잘했어요.	잘했어요.	좀더 노력해요.

□ 안에 알맞은 수를 써넣으시오. (1~10)

1 $1\frac{3}{5} \div 4 = \frac{8}{5} \div 4 = \frac{8}{5} \times \frac{1}{4}$
$= \frac{8}{20} = \frac{2}{5}$

2 $2\frac{1}{4} \div 6 = \frac{9}{4} \div 6 = \frac{9}{4} \times \frac{1}{6}$
$= \frac{9}{24} = \frac{3}{8}$

3 $1\frac{5}{7} \div 6 = \frac{12}{7} \div 6 = \frac{12}{7} \times \frac{1}{6}$
$= \frac{12}{42} = \frac{2}{7}$

4 $6\frac{2}{3} \div 10 = \frac{20}{3} \div 10 = \frac{20}{3} \times \frac{1}{10}$
$= \frac{20}{30} = \frac{2}{3}$

5 $2\frac{2}{9} \div 5 = \frac{20}{9} \div 5 = \frac{20}{9} \times \frac{1}{5}$
$= \frac{20}{45} = \frac{4}{9}$

6 $3\frac{3}{4} \div 6 = \frac{15}{4} \div 6 = \frac{15}{4} \times \frac{1}{6}$
$= \frac{15}{24} = \frac{5}{8}$

7 $2\frac{4}{5} \div 4 = \frac{14}{5} \div 4 = \frac{\overset{7}{14}}{5} \times \frac{1}{\underset{2}{4}}$
$= \frac{7}{10}$

8 $5\frac{1}{4} \div 14 = \frac{21}{4} \div 14 = \frac{\overset{3}{21}}{4} \times \frac{1}{\underset{2}{14}}$
$= \frac{3}{8}$

9 $4\frac{1}{6} \div 5 = \frac{25}{6} \div 5 = \frac{\overset{5}{25}}{6} \times \frac{1}{\underset{1}{5}}$
$= \frac{5}{6}$

10 $3\frac{5}{9} \div 12 = \frac{32}{9} \div 12 = \frac{\overset{8}{32}}{9} \times \frac{1}{\underset{3}{12}}$
$= \frac{8}{27}$

계산을 하여 기약분수로 나타내시오. (11~24)

11 $1\frac{1}{9} \div 2 = \frac{5}{9}$

12 $2\frac{4}{5} \div 7 = \frac{2}{5}$

13 $2\frac{1}{4} \div 6 = \frac{3}{8}$

14 $3\frac{6}{7} \div 9 = \frac{3}{7}$

15 $2\frac{5}{8} \div 7 = \frac{3}{8}$

16 $3\frac{1}{3} \div 4 = \frac{5}{6}$

17 $4\frac{1}{5} \div 6 = \frac{7}{10}$

18 $6\frac{3}{8} \div 3 = 2\frac{1}{8}$

19 $6\frac{3}{4} \div 3 = 2\frac{1}{4}$

20 $3\frac{3}{5} \div 6 = \frac{3}{5}$

21 $5\frac{1}{3} \div 12 = \frac{4}{9}$

22 $5\frac{7}{9} \div 4 = 1\frac{4}{9}$

23 $7\frac{7}{10} \div 7 = 1\frac{1}{10}$

24 $5\frac{5}{12} \div 5 = 1\frac{1}{12}$

6 (대분수)÷(자연수) (4)

월 일

⏰ 빈 곳에 알맞은 수를 써넣으시오. (1~10)

1 $1\frac{1}{2}$ ÷2 → $\frac{3}{4}$

2 $1\frac{1}{5}$ ÷10 → $\frac{3}{25}$

3 $1\frac{2}{9}$ ÷11 → $\frac{1}{9}$

4 $3\frac{3}{8}$ ÷4 → $\frac{27}{32}$

5 $3\frac{1}{4}$ ÷4 → $\frac{13}{16}$

6 $2\frac{2}{5}$ ÷6 → $\frac{2}{5}$

7 $1\frac{9}{11}$ ÷15 → $\frac{4}{33}$

8 $4\frac{5}{12}$ ÷4 → $1\frac{5}{48}$

9 $8\frac{1}{10}$ ÷18 → $\frac{9}{20}$

10 $1\frac{7}{15}$ ÷12 → $\frac{11}{90}$

⏰ □ 안에 알맞은 수를 써넣으시오. (11~18)

11 $3\frac{1}{2}$ ↓ ÷7 ↓ $\frac{1}{2}$

12 $8\frac{4}{5}$ ↓ ÷8 ↓ $1\frac{1}{10}$

13 $4\frac{4}{5}$ ↓ ÷6 ↓ $\frac{4}{5}$

14 $6\frac{4}{7}$ ↓ ÷8 ↓ $\frac{23}{28}$

15 $8\frac{1}{6}$ ↓ ÷5 ↓ $1\frac{19}{30}$

16 $5\frac{1}{3}$ ↓ ÷4 ↓ $1\frac{1}{3}$

17 $4\frac{3}{8}$ ↓ ÷5 ↓ $\frac{7}{8}$

18 $3\frac{6}{11}$ ↓ ÷2 ↓ $1\frac{17}{22}$

7 신기한 연산

월 일

⏰ 주어진 두 식이 성립할 때 ■와 ▲에 알맞은 수를 각각 구하시오. (1~6)

1 $7÷■=\frac{7}{10}$ $\frac{■}{13}÷▲=\frac{2}{13}$ ■=$\boxed{10}$ ▲=$\boxed{5}$

2 $5÷■=\frac{5}{12}$ $\frac{■}{17}÷▲=\frac{4}{17}$ ■=$\boxed{12}$ ▲=$\boxed{3}$

3 $11÷■=\frac{11}{18}$ $\frac{■}{25}÷▲=\frac{2}{25}$ ■=$\boxed{18}$ ▲=$\boxed{9}$

4 $■÷7=1\frac{2}{7}$ $\frac{■}{14}÷▲=\frac{3}{14}$ ■=$\boxed{9}$ ▲=$\boxed{3}$

5 $■÷5=1\frac{2}{5}$ $\frac{■}{10}÷▲=\frac{1}{10}$ ■=$\boxed{7}$ ▲=$\boxed{7}$

6 $■÷9=1\frac{5}{9}$ $\frac{■}{15}÷▲=\frac{7}{15}$ ■=$\boxed{14}$ ▲=$\boxed{2}$

⏰ 보기 와 같은 방법으로 나눗셈을 해 보시오. (7~12)

보기
$$20\frac{4}{5}÷4=(20÷4)+\left(\frac{4}{5}÷4\right)=5+\frac{1}{5}=5\frac{1}{5}$$

7 $10\frac{5}{7}÷5$
$$10\frac{5}{7}÷5=(10÷5)+\left(\frac{5}{7}÷5\right)$$
$$=2+\frac{1}{7}$$
$$=2\frac{1}{7}$$

8 $6\frac{9}{10}÷3$
$$6\frac{9}{10}÷3=(6÷3)+\left(\frac{9}{10}÷3\right)$$
$$=2+\frac{3}{10}$$
$$=2\frac{3}{10}$$

9 $4\frac{4}{9}÷4$
$$4\frac{4}{9}÷4=(4÷4)+\left(\frac{4}{9}÷4\right)$$
$$=1+\frac{1}{9}$$
$$=1\frac{1}{9}$$

10 $8\frac{6}{11}÷2$
$$8\frac{6}{11}÷2=(8÷2)+\left(\frac{6}{11}÷2\right)$$
$$=4+\frac{3}{11}$$
$$=4\frac{3}{11}$$

11 $12\frac{3}{8}÷4$
$$12\frac{3}{8}÷4=(12÷4)+\left(\frac{3}{8}÷4\right)$$
$$=3+\frac{3}{32}$$
$$=3\frac{3}{32}$$

12 $18\frac{7}{8}÷6$
$$18\frac{7}{8}÷6=(18÷6)+\left(\frac{7}{8}÷6\right)$$
$$=3+\frac{7}{48}$$
$$=3\frac{7}{48}$$

확인 평가

걸린 시간	1~10분	10~15분	15~20분
맞은 개수	36~39개	28~35개	1~27개
평가	참 잘했어요.	잘했어요.	좀더 노력해요.

나눗셈의 몫을 분수로 나타내시오. (1~14)

1 $1 \div 8 = \dfrac{1}{8}$

2 $1 \div 6 = \dfrac{1}{6}$

3 $5 \div 7 = \dfrac{5}{7}$

4 $6 \div 11 = \dfrac{6}{11}$

5 $4 \div 9 = \dfrac{4}{9}$

6 $7 \div 12 = \dfrac{7}{12}$

7 $5 \div 13 = \dfrac{5}{13}$

8 $11 \div 15 = \dfrac{11}{15}$

9 $7 \div 5 = \dfrac{7}{5} = 1\dfrac{2}{5}$

10 $8 \div 3 = \dfrac{8}{3} = 2\dfrac{2}{3}$

11 $9 \div 4 = \dfrac{9}{4} = 2\dfrac{1}{4}$

12 $11 \div 5 = \dfrac{11}{5} = 2\dfrac{1}{5}$

13 $15 \div 8 = \dfrac{15}{8} = 1\dfrac{7}{8}$

14 $18 \div 13 = \dfrac{18}{13} = 1\dfrac{5}{13}$

□ 안에 알맞은 수를 써넣으시오. (15~25)

15 $\dfrac{6}{7} \div 2 = \dfrac{6 \div 2}{7} = \dfrac{3}{7}$

16 $\dfrac{8}{9} \div 4 = \dfrac{8 \div 4}{9} = \dfrac{2}{9}$

17 $\dfrac{7}{8} \div 3 = \dfrac{7}{8} \times \dfrac{1}{3} = \dfrac{7}{24}$

18 $\dfrac{8}{11} \div 6 = \dfrac{\overset{4}{8}}{11} \times \dfrac{1}{\underset{3}{6}} = \dfrac{4}{33}$

19 $\dfrac{8}{5} \div 2 = \dfrac{8 \div 2}{5} = \dfrac{4}{5}$

20 $\dfrac{3}{2} \div 5 = \dfrac{3}{2} \times \dfrac{1}{5} = \dfrac{3}{10}$

21 $\dfrac{15}{7} \div 6 = \dfrac{\overset{5}{15}}{7} \times \dfrac{1}{\underset{2}{6}} = \dfrac{5}{14}$

22 $\dfrac{18}{13} \div 8 = \dfrac{\overset{9}{18}}{13} \times \dfrac{1}{\underset{4}{8}} = \dfrac{9}{52}$

23 $3\dfrac{3}{5} \div 3 = \dfrac{18}{5} \div 3 = \dfrac{18 \div 3}{5} = \dfrac{6}{5} = 1\dfrac{1}{5}$

24 $4\dfrac{1}{4} \div 5 = \dfrac{17}{4} \div 5 = \dfrac{17}{4} \times \dfrac{1}{5} = \dfrac{17}{20}$

25 $4\dfrac{4}{11} \div 18 = \dfrac{48}{11} \div 18 = \dfrac{48}{11} \times \dfrac{1}{18} = \dfrac{48}{198} = \dfrac{8}{33}$

확인 평가

크라운을 도전하세요!

계산을 하여 기약분수로 나타내시오. (26~39)

26 $\dfrac{4}{5} \div 6 = \dfrac{2}{15}$

27 $\dfrac{4}{7} \div 9 = \dfrac{4}{63}$

28 $\dfrac{11}{12} \div 3 = \dfrac{11}{36}$

29 $\dfrac{14}{15} \div 12 = \dfrac{7}{90}$

30 $\dfrac{13}{3} \div 5 = \dfrac{13}{15}$

31 $\dfrac{19}{7} \div 3 = \dfrac{19}{21}$

32 $\dfrac{39}{10} \div 6 = \dfrac{13}{20}$

33 $\dfrac{25}{6} \div 10 = \dfrac{5}{12}$

34 $2\dfrac{2}{3} \div 4 = \dfrac{2}{3}$

35 $1\dfrac{1}{6} \div 3 = \dfrac{7}{18}$

36 $1\dfrac{3}{7} \div 5 = \dfrac{2}{7}$

37 $4\dfrac{2}{5} \div 8 = \dfrac{11}{20}$

38 $1\dfrac{5}{13} \div 12 = \dfrac{3}{26}$

39 $2\dfrac{8}{11} \div 12 = \dfrac{5}{22}$

👑 크라운 온라인 평가 응시 방법

에듀왕닷컴 접속 www.eduwang.com
⊗
메인 상단 메뉴에서 단원평가 클릭
⊗
단계 및 단원 선택
⊗
온라인 단원평가 실시(30분 동안 평가 실시)
⊗
크라운 확인

각 단원평가를 통해 100점을 받으시면 크라운 1개를 드리며, 획득하신 크라운으로 에듀왕 닷컴에서 판매하고 있는 교재 및 서비스를 무료로 구매하실 수 있습니다.

(크라운 1개 - 1000원)

1 자연수의 나눗셈을 이용하여 (소수)÷(자연수) 계산하기(1)

학습 날짜
월 일

자연수의 나눗셈을 이용하여 계산하기

$$396 \div 3 = 132$$
$$39.6 \div 3 = 13.2$$
$$3.96 \div 3 = 1.32$$

- 396의 $\frac{1}{10}$배인 39.6을 똑같이 3으로 나누면 몫도 132의 $\frac{1}{10}$배인 13.2가 됩니다.
- 396의 $\frac{1}{100}$배인 3.96을 똑같이 3으로 나누면 몫도 132의 $\frac{1}{100}$배인 1.32가 됩니다.

1 44.8 cm의 끈을 4명에게 똑같이 나누어 주려고 합니다. □ 안에 알맞은 수를 써넣으시오.

> 44.8 cm는 1 mm가 448 개입니다.
> 448 ÷ 4 = 112
> 한 명이 가질 수 있는 끈의 길이는 112 mm이므로 11.2 cm입니다.

2 3.69 m의 끈을 3명에게 똑같이 나누어 주려고 합니다. □ 안에 알맞은 수를 써넣으시오.

> 3.69 m는 1 cm가 369 개입니다.
> 369 ÷ 3 = 123
> 한 명이 가질 수 있는 끈의 길이는 123 cm이므로 1.23 m입니다.

계산은 빠르고 정확하게!

걸린 시간	1~3분	3~5분	5~7분
맞은 개수	5개	4개	1~3개
평가	참 잘했어요	잘했어요	좀더 노력해요

□ 안에 알맞은 수를 써넣으시오. (3~5)

3

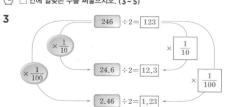

246 ÷ 2 = 123
24.6 ÷ 2 = 12.3
2.46 ÷ 2 = 1.23

4

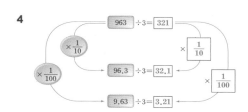

963 ÷ 3 = 321
96.3 ÷ 3 = 32.1
9.63 ÷ 3 = 3.21

5

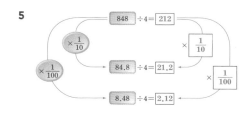

848 ÷ 4 = 212
84.8 ÷ 4 = 21.2
8.48 ÷ 4 = 2.12

1 자연수의 나눗셈을 이용하여 (소수)÷(자연수) 계산하기(2)

학습 날짜
월 일

□ 자연수의 나눗셈을 이용하여 계산한 것입니다. □ 안에 알맞은 수를 써넣으시오. (1~12)

1 84 ÷ 4 = 21
➡ 8.4 ÷ 4 = 2.1

2 55 ÷ 5 = 11
➡ 5.5 ÷ 5 = 1.1

3 72 ÷ 6 = 12
➡ 7.2 ÷ 6 = 1.2

4 96 ÷ 3 = 32
➡ 9.6 ÷ 3 = 3.2

5 86 ÷ 2 = 43
➡ 8.6 ÷ 2 = 4.3

6 75 ÷ 5 = 15
➡ 7.5 ÷ 5 = 1.5

7 68 ÷ 4 = 17
➡ 6.8 ÷ 4 = 1.7

8 84 ÷ 3 = 28
➡ 8.4 ÷ 3 = 2.8

9 492 ÷ 4 = 123
➡ 49.2 ÷ 4 = 12.3

10 268 ÷ 2 = 134
➡ 26.8 ÷ 2 = 13.4

11 182 ÷ 7 = 26
➡ 18.2 ÷ 7 = 2.6

12 324 ÷ 9 = 36
➡ 32.4 ÷ 9 = 3.6

계산은 빠르고 정확하게!

걸린 시간	1~6분	6~9분	9~12분
맞은 개수	22~24개	17~21개	1~16개
평가	참 잘했어요	잘했어요	좀더 노력해요

자연수의 나눗셈을 이용하여 계산한 것입니다. □ 안에 알맞은 수를 써넣으시오. (13~24)

13 224 ÷ 2 = 112
➡ 2.24 ÷ 2 = 1.12

14 363 ÷ 3 = 121
➡ 3.63 ÷ 3 = 1.21

15 492 ÷ 4 = 123
➡ 4.92 ÷ 4 = 1.23

16 848 ÷ 8 = 106
➡ 8.48 ÷ 8 = 1.06

17 966 ÷ 3 = 322
➡ 9.66 ÷ 3 = 3.22

18 488 ÷ 4 = 122
➡ 4.88 ÷ 4 = 1.22

19 846 ÷ 2 = 423
➡ 8.46 ÷ 2 = 4.23

20 756 ÷ 6 = 126
➡ 7.56 ÷ 6 = 1.26

21 522 ÷ 3 = 174
➡ 5.22 ÷ 3 = 1.74

22 648 ÷ 2 = 324
➡ 6.48 ÷ 2 = 3.24

23 655 ÷ 5 = 131
➡ 6.55 ÷ 5 = 1.31

24 616 ÷ 4 = 154
➡ 6.16 ÷ 4 = 1.54

1 자연수의 나눗셈을 이용하여 (소수)÷(자연수) 계산하기 (3)

 학습 날짜 월 일

계산은 빠르고 정확하게!

걸린 시간	1~8분	8~12분	12~16분
맞은 개수	15~16개	12~14개	1~11개
평가	참 잘했어요.	잘했어요.	좀더 노력해요.

□ 안에 알맞은 수를 써넣으시오. (1~8)

1
264÷2= 132
26.4÷2= 13.2
2.64÷2= 1.32

2
969÷3= 323
96.9÷3= 32.3
9.69÷3= 3.23

3
708÷6= 118
70.8÷6= 11.8
7.08÷6= 1.18

4
791÷7= 113
79.1÷7= 11.3
7.91÷7= 1.13

5
896÷8= 112
89.6÷8= 11.2
8.96÷8= 1.12

6
685÷5= 137
68.5÷5= 13.7
6.85÷5= 1.37

7
832÷4= 208
83.2÷4= 20.8
8.32÷4= 2.08

8
756÷6= 126
75.6÷6= 12.6
7.56÷6= 1.26

□ 안에 알맞은 수를 써넣으시오. (9~16)

9
276÷2= 138
27.6÷2= 13.8
2.76÷2= 1.38

10
561÷3= 187
56.1÷3= 18.7
5.61÷3= 1.87

11
678÷6= 113
67.8÷6= 11.3
6.78÷6= 1.13

12
756÷7= 108
75.6÷7= 10.8
7.56÷7= 1.08

13
992÷8= 124
99.2÷8= 12.4
9.92÷8= 1.24

14
945÷9= 105
94.5÷9= 10.5
9.45÷9= 1.05

15
726÷3= 242
72.6÷3= 24.2
7.26÷3= 2.42

16
931÷7= 133
93.1÷7= 13.3
9.31÷7= 1.33

2 각 자리에서 나누어떨어지지 않는 (소수)÷(자연수) (1)

 학습 날짜 월 일

계산은 빠르고 정확하게!

걸린 시간	1~5분	5~8분	8~10분
맞은 개수	11~12개	9~10개	1~8개
평가	참 잘했어요.	잘했어요.	좀더 노력해요.

방법① 분수의 나눗셈으로 고쳐서 계산합니다.

$4.68÷3=\dfrac{468}{100}÷3=\dfrac{468÷3}{100}=\dfrac{156}{100}=1.56$

방법② 자연수의 나눗셈과 같은 방법으로 계산하고 몫의 소수점은 나누어지는 수의 소수점 자리에 맞추어 찍습니다.

□ 안에 알맞은 수를 써넣으시오. (1~4)

1 9.5는 0.1이 95 개이고, 9.5÷5는 0.1이 95 ÷5= 19 (개)이므로
9.5÷5= 1.9 입니다.

2 13.8은 0.1이 138 개이고, 13.8÷6은 0.1이 138 ÷6= 23 (개)이므로
13.8÷6= 2.3 입니다.

3 6.12는 0.01이 612 개이고, 6.12÷4는 0.01이 612 ÷4= 153 (개)이므로
6.12÷4= 1.53 입니다.

4 4.17은 0.01이 417 개이고, 4.17÷3은 0.01이 417 ÷3= 139 (개)이므로
4.17÷3= 1.39 입니다.

□ 안에 알맞은 수를 써넣으시오. (5~12)

5
48 ÷ 3 = 16
$\frac{1}{10}$배 ↓ ↓ $\frac{1}{10}$배
4.8 ÷ 3 = 1.6

6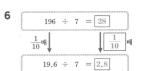
196 ÷ 7 = 28
$\frac{1}{10}$배 ↓ ↓ $\frac{1}{10}$배
19.6 ÷ 7 = 2.8

7
256 ÷ 8 = 32
$\frac{1}{10}$배 ↓ ↓ $\frac{1}{10}$
25.6 ÷ 8 = 3.2

8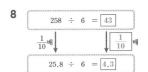
258 ÷ 6 = 43
$\frac{1}{10}$배 ↓ ↓ $\frac{1}{10}$배
25.8 ÷ 6 = 4.3

9
508 ÷ 4 = 127
$\frac{1}{100}$배 ↓ ↓ $\frac{1}{100}$배
5.08 ÷ 4 = 1.27

10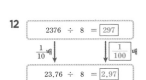
768 ÷ 3 = 256
$\frac{1}{100}$배 ↓ ↓ $\frac{1}{100}$배
7.68 ÷ 3 = 2.56

11
957 ÷ 3 = 319
$\frac{1}{100}$배 ↓ ↓ $\frac{1}{100}$배
9.57 ÷ 3 = 3.19

12
2376 ÷ 8 = 297
$\frac{1}{10}$배 ↓ ↓ $\frac{1}{100}$배
23.76 ÷ 8 = 2.97

2 각 자리에서 나누어떨어지지 않는 (소수)÷(자연수)(2)

맞은 날짜 월   일

계산은 빠르고 정확하게!

걸린 시간	1~8분	8~12분	12~16분
맞은 개수	21~23개	17~20개	1~16개
평가	참 잘했어요.	잘했어요.	좀더 노력해요.

□ 안에 알맞은 수를 써넣으시오. (1~7)

1. $22.8 \div 4 = \dfrac{228}{10} \div 4 = \dfrac{228 \div 4}{10} = \dfrac{57}{10} = 5.7$

2. $30.8 \div 7 = \dfrac{308}{10} \div 7 = \dfrac{308 \div 7}{10} = \dfrac{44}{10} = 4.4$

3. $48.6 \div 9 = \dfrac{486}{10} \div 9 = \dfrac{486 \div 9}{10} = \dfrac{54}{10} = 5.4$

4. $7.44 \div 3 = \dfrac{744}{100} \div 3 = \dfrac{744 \div 3}{100} = \dfrac{248}{100} = 2.48$

5. $9.52 \div 2 = \dfrac{952}{100} \div 2 = \dfrac{952 \div 2}{100} = \dfrac{476}{100} = 4.76$

6. $17.28 \div 8 = \dfrac{1728}{100} \div 8 = \dfrac{1728 \div 8}{100} = \dfrac{216}{100} = 2.16$

7. $18.84 \div 12 = \dfrac{1884}{100} \div 12 = \dfrac{1884 \div 12}{100} = \dfrac{157}{100} = 1.57$

계산을 하시오. (8~23)

8. $14.1 \div 3 = 4.7$

9. $23.2 \div 4 = 5.8$

10. $22.4 \div 7 = 3.2$

11. $18.4 \div 8 = 2.3$

12. $42.3 \div 9 = 4.7$

13. $49.2 \div 6 = 8.2$

14. $63.8 \div 11 = 5.8$

15. $54.6 \div 13 = 4.2$

16. $11.06 \div 7 = 1.58$

17. $11.75 \div 5 = 2.35$

18. $25.12 \div 8 = 3.14$

19. $31.56 \div 6 = 5.26$

20. $49.36 \div 8 = 6.17$

21. $29.28 \div 4 = 7.32$

22. $25.56 \div 12 = 2.13$

23. $65.16 \div 18 = 3.62$

---

 2 각 자리에서 나누어떨어지지 않는 (소수)÷(자연수)(3)

맞은 날짜 월   일

계산은 빠르고 정확하게!

걸린 시간	1~8분	8~12분	12~16분
맞은 개수	19~21개	15~18개	1~14개
평가	참 잘했어요.	잘했어요.	좀더 노력해요.

□ 안에 알맞은 수를 써넣으시오. (1~6)

1.
```
      5 . 6
  3 ) 1 6 . 8
      1 5
        1 8
        1 8
          0
```

2.
```
      8 . 7
  4 ) 3 4 . 8
      3 2
        2 8
        2 8
          0
```

3.
```
      1 . 8 7
  2 ) 3 . 7 4
      2
      1 7
      1 6
        1 4
        1 4
          0
```

4.
```
      1 . 5 3
  6 ) 9 . 1 8
      6
      3 1
      3 0
        1 8
        1 8
          0
```

5.
```
      5 . 2 6
  9 ) 4 7 . 3 4
      4 5
        2 3
        1 8
          5 4
          5 4
            0
```

6.
```
      7 . 8 2
  8 ) 6 2 . 5 6
      5 6
        6 5
        6 4
          1 6
          1 6
            0
```

계산을 하시오. (7~21)

7.
```
    2.9
4)11.6
```

8.
```
    3.9
5)19.5
```

9.
```
    3.3
7)23.1
```

10.
```
     1.28
6)7.68
```

11.
```
     3.21
8)25.68
```

12.
```
     9.23
4)36.92
```

13.
```
     7.26
9)65.34
```

14.
```
     8.97
3)26.91
```

15.
```
     9.12
8)72.96
```

16.
```
     6.27
5)31.35
```

17.
```
     6.98
7)48.86
```

18.
```
     5.27
9)47.43
```

19.
```
      3.65
13)47.45
```

20.
```
      5.32
18)95.76
```

21.
```
       4.97
24)119.28
```

정답

2 각 자리에서 나누어떨어지지 않는 (소수)÷(자연수)(4)

학습 날짜 월 일

계산은 빠르고 정확하게!

걸린 시간	1~8분	8~12분	12~16분
맞은 개수	17~18개	13~16개	1~12개
평가	참 잘했어요.	잘했어요.	좀더 노력해요.

빈 곳에 알맞은 수를 써넣으시오. (1~10)

1 ÷2 13.6 → 6.8

2 ÷4 37.2 → 9.3

3 ÷8 28.8 → 3.6

4 ÷9 51.3 → 5.7

5 ÷6 25.68 → 4.28

6 ÷7 43.75 → 6.25

7 ÷8 41.52 → 5.19

8 ÷5 41.35 → 8.27

9 ÷17 50.15 → 2.95

10 ÷36 46.44 → 1.29

□ 안에 알맞은 수를 써넣으시오. (11~18)

11 75.2 ÷8 → 9.4

12 59.5 ÷7 → 8.5

13 40.08 ÷6 → 6.68

14 21.06 ÷9 → 2.34

15 33.68 ÷8 → 4.21

16 43.56 ÷12 → 3.63

17 50.82 ÷14 → 3.63

18 47.25 ÷25 → 1.89

3 몫이 1보다 작은 (소수)÷(자연수)(1)

학습 날짜 월 일

계산은 빠르고 정확하게!

걸린 시간	1~5분	5~8분	8~10분
맞은 개수	10~12개	9~10개	1~8개
평가	참 잘했어요.	잘했어요.	좀더 노력해요.

방법 ① 분수의 나눗셈으로 고쳐서 계산합니다.

$5.76÷8=\dfrac{576}{100}÷8=\dfrac{576÷8}{100}=\dfrac{72}{100}=0.72$

방법 ② 나누어지는 수의 자연수 부분이 나누는 수보다 작은 경우에는 몫의 일의 자리에 0을 쓰고 소수점을 찍은 다음 자연수의 나눗셈과 같이 계산합니다.

$$8)\overline{576} \Rightarrow 8)\overline{5.76}$$

□ 안에 알맞은 수를 써넣으시오. (1~4)

1 6.3은 0.1이 63 개이고, 6.3÷7은 0.1이 63 ÷7= 9 (개)이므로
6.3÷7= 0.9 입니다.

2 2.52는 0.01이 252 개이고, 2.52÷3은 0.01이 252 ÷3= 84 (개)이므로
2.52÷3= 0.84 입니다.

3 3.24는 0.01이 324 개이고, 3.24÷6은 0.01이 324 ÷6= 54 (개)이므로
3.24÷6= 0.54 입니다.

4 6.75는 0.01이 675 개이고, 6.75÷9는 0.01이 675 ÷9= 75 (개)이므로
6.75÷9= 0.75 입니다.

□ 안에 알맞은 수를 써넣으시오. (5~12)

5 72 ÷ 8 = 9
$\frac{1}{10}$배 ↓ ↓ $\frac{1}{10}$배
7.2 ÷ 8 = 0.9

6 48 ÷ 6 = 8
$\frac{1}{10}$배 ↓ ↓ $\frac{1}{10}$
4.8 ÷ 6 = 0.8

7 84 ÷ 12 = 7
$\frac{1}{10}$배 ↓ ↓ $\frac{1}{10}$배
8.4 ÷ 12 = 0.7

8 144 ÷ 24 = 6
$\frac{1}{10}$배 ↓ ↓ $\frac{1}{10}$
14.4 ÷ 24 = 0.6

9 215 ÷ 5 = 43
$\frac{1}{100}$배 ↓ ↓ $\frac{1}{100}$배
2.15 ÷ 5 = 0.43

10 406 ÷ 7 = 58
$\frac{1}{100}$배 ↓ ↓ $\frac{1}{100}$
4.06 ÷ 7 = 0.58

11 396 ÷ 11 = 36
$\frac{1}{100}$배 ↓ ↓ $\frac{1}{100}$배
3.96 ÷ 11 = 0.36

12 1073 ÷ 37 = 29
$\frac{1}{100}$배 ↓ ↓ $\frac{1}{100}$
10.73 ÷ 37 = 0.29

3 몫이 1보다 작은 (소수)÷(자연수)(2)

학습 날짜 월 일

□ 안에 알맞은 수를 써넣으시오. (1~7)

1 $6.3 \div 9 = \dfrac{63}{10} \div 9 = \dfrac{63 \div 9}{10} = \dfrac{7}{10} = 0.7$

2 $6.4 \div 8 = \dfrac{64}{10} \div 8 = \dfrac{64 \div 8}{10} = \dfrac{8}{10} = 0.8$

3 $3.48 \div 6 = \dfrac{348}{100} \div 6 = \dfrac{348 \div 6}{100} = \dfrac{58}{100} = 0.58$

4 $6.37 \div 7 = \dfrac{637}{100} \div 7 = \dfrac{637 \div 7}{100} = \dfrac{91}{100} = 0.91$

5 $6.96 \div 8 = \dfrac{696}{100} \div 8 = \dfrac{696 \div 8}{100} = \dfrac{87}{100} = 0.87$

6 $9.38 \div 14 = \dfrac{938}{100} \div 14 = \dfrac{938 \div 14}{100} = \dfrac{67}{100} = 0.67$

7 $25.92 \div 27 = \dfrac{2592}{100} \div 27 = \dfrac{2592 \div 27}{100} = \dfrac{96}{100} = 0.96$

계산은 빠르고 정확하게!

걸린 시간	1~10분	10~15분	15~20분
맞은 개수	21~23개	17~20개	1~16개
평가	참 잘했어요.	잘했어요.	좀더 노력해요.

계산을 하시오. (8~23)

8 $4.2 \div 6 = 0.7$

9 $8.1 \div 9 = 0.9$

10 $3.36 \div 8 = 0.42$

11 $1.82 \div 7 = 0.26$

12 $5.25 \div 7 = 0.75$

13 $5.78 \div 17 = 0.34$

14 $2.45 \div 5 = 0.49$

15 $7.44 \div 24 = 0.31$

16 $6.12 \div 18 = 0.34$

17 $17.1 \div 19 = 0.9$

18 $3.64 \div 14 = 0.26$

19 $20.8 \div 26 = 0.8$

20 $6.45 \div 15 = 0.43$

21 $17.28 \div 18 = 0.96$

22 $10.35 \div 23 = 0.45$

23 $28.56 \div 42 = 0.68$

---

3 몫이 1보다 작은 (소수)÷(자연수)(3)

학습 날짜 월 일

□ 안에 알맞은 수를 써넣으시오. (1~6)

1
$$0.87$$
$$6\,)\,5.2\,2$$
$$4\ 8$$
$$\quad 4\ 2$$
$$\quad 4\ 2$$
$$\qquad 0$$

2
$$0.97$$
$$8\,)\,7.7\,6$$
$$7\ 2$$
$$\quad 5\ 6$$
$$\quad 5\ 6$$
$$\qquad 0$$

3
$$0.47$$
$$12\,)\,5.6\,4$$
$$4\ 8$$
$$\quad 8\ 4$$
$$\quad 8\ 4$$
$$\qquad 0$$

4
$$0.82$$
$$19\,)\,1\,5.5\,8$$
$$1\ 5\ 2$$
$$\quad 3\ 8$$
$$\quad 3\ 8$$
$$\qquad 0$$

5
$$0.53$$
$$21\,)\,1\,1.1\,3$$
$$1\ 0\ 5$$
$$\quad 6\ 3$$
$$\quad 6\ 3$$
$$\qquad 0$$

6
$$0.27$$
$$34\,)\,9.1\,8$$
$$6\ 8$$
$$\quad 2\ 3\ 8$$
$$\quad 2\ 3\ 8$$
$$\qquad 0$$

계산은 빠르고 정확하게!

걸린 시간	1~8분	8~12분	12~16분
맞은 개수	19~21개	15~18개	1~14개
평가	참 잘했어요.	잘했어요.	좀더 노력해요.

계산을 하시오. (7~21)

7 0.9 / $5\,)\,4.5$

8 0.8 / $6\,)\,4.8$

9 0.6 / $9\,)\,5.4$

10 0.39 / $4\,)\,1.56$

11 0.76 / $8\,)\,6.08$

12 0.36 / $7\,)\,2.52$

13 0.65 / $5\,)\,3.25$

14 0.48 / $9\,)\,4.32$

15 0.99 / $8\,)\,7.92$

16 0.85 / $11\,)\,9.35$

17 0.27 / $14\,)\,3.78$

18 0.75 / $21\,)\,15.75$

19 0.97 / $28\,)\,27.16$

20 0.28 / $17\,)\,4.76$

21 0.48 / $36\,)\,17.28$

3 몫이 1보다 작은 (소수)÷(자연수)(4)

빈 곳에 알맞은 수를 써넣으시오. (1~10)

1 1.26 →÷7→ 0.18

2 3.68 →÷8→ 0.46

3 2.48 →÷4→ 0.62

4 1.44 →÷9→ 0.16

5 9.8 →÷14→ 0.7

6 25.2 →÷28→ 0.9

7 5.44 →÷17→ 0.32

8 9.12 →÷38→ 0.24

9 11.76 →÷21→ 0.56

10 20.06 →÷34→ 0.59

□ 안에 알맞은 수를 써넣으시오. (11~18)

11 2.28 →÷6→ 0.38

12 5.18 →÷7→ 0.74

13 5.22 →÷9→ 0.58

14 6.72 →÷8→ 0.84

15 11.4 →÷19→ 0.6

16 24.5 →÷35→ 0.7

17 14.04 →÷27→ 0.52

18 26.65 →÷41→ 0.65

4 소수점 아래 0을 내려 계산하는 (소수)÷(자연수)(1)

방법 ① 분수의 나눗셈으로 고쳐서 계산합니다.

$9.4÷4=\frac{940}{100}÷4=\frac{940÷4}{100}=\frac{235}{100}=2.35$

방법 ② 자연수의 나눗셈과 같이 계산하고 나누어떨어지지 않을 때에는 나누어지는 수의 소수 끝자리 아래에 0이 계속 있는 것으로 생각하여 계산합니다.

$$4\overline{)9.4} \Rightarrow 4\overline{)9.4} \Rightarrow 4\overline{)9.40}$$

주어진 식을 이용하여 □ 안에 알맞은 수를 써넣으시오. (1~6)

1 290÷2=145

➡ 2.9÷2= 1.45

2 540÷4=135

➡ 5.4÷4= 1.35

3 750÷6=125

➡ 7.5÷6= 1.25

4 620÷5=124

➡ 6.2÷5= 1.24

5 710÷5=142

➡ 7.1÷5= 1.42

6 920÷8=115

➡ 9.2÷8= 1.15

□ 안에 알맞은 수를 써넣으시오. (7~14)

7 610 ÷ 5 = 122

$\frac{1}{100}$배 ↓ ↓$\frac{1}{100}$배

6.1 ÷ 5 = 1.22

8 460 ÷ 4 = 115

$\frac{1}{100}$배 ↓ ↓$\frac{1}{100}$배

4.6 ÷ 4 = 1.15

9 580 ÷ 4 = 145

$\frac{1}{100}$배 ↓ ↓$\frac{1}{100}$배

5.8 ÷ 4 = 1.45

10 810 ÷ 6 = 135

$\frac{1}{100}$배 ↓ ↓$\frac{1}{100}$배

8.1 ÷ 6 = 1.35

11 1950 ÷ 6 = 325

$\frac{1}{100}$배 ↓ ↓$\frac{1}{100}$배

1.95 ÷ 6 = 3.25

12 1960 ÷ 8 = 245

$\frac{1}{100}$배 ↓ ↓$\frac{1}{100}$배

19.6 ÷ 8 = 2.45

13 3010 ÷ 14 = 215

$\frac{1}{100}$배 ↓ ↓$\frac{1}{100}$배

30.1 ÷ 14 = 2.15

14 4860 ÷ 15 = 324

$\frac{1}{100}$배 ↓ ↓$\frac{1}{100}$배

48.6 ÷ 15 = 3.24

4 소수점 아래 0을 내려 계산하는 (소수)÷(자연수)(2)

월 일

계산은 빠르고 정확하게!

걸린 시간	1~10분	10~15분	15~20분
맞은 개수	21~23개	17~20개	1~16개
평가	참 잘했어요.	잘했어요.	좀더 노력해요.

□ 안에 알맞은 수를 써넣으시오. (1~7)

1 $8.3 \div 2 = \dfrac{830}{100} \div 2 = \dfrac{830 \div 2}{100} = \dfrac{415}{100} = 4.15$

2 $6.6 \div 4 = \dfrac{660}{100} \div 4 = \dfrac{660 \div 4}{100} = \dfrac{165}{100} = 1.65$

3 $14.1 \div 5 = \dfrac{1410}{100} \div 5 = \dfrac{1410 \div 5}{100} = \dfrac{282}{100} = 2.82$

4 $11.6 \div 8 = \dfrac{1160}{100} \div 8 = \dfrac{1160 \div 8}{100} = \dfrac{145}{100} = 1.45$

5 $16.5 \div 6 = \dfrac{1650}{100} \div 6 = \dfrac{1650 \div 6}{100} = \dfrac{275}{100} = 2.75$

6 $20.1 \div 15 = \dfrac{2010}{100} \div 15 = \dfrac{2010 \div 15}{100} = \dfrac{134}{100} = 1.34$

7 $25.8 \div 12 = \dfrac{2580}{100} \div 12 = \dfrac{2580 \div 12}{100} = \dfrac{215}{100} = 2.15$

계산을 하시오. (8~23)

8 $8.6 \div 4 = 2.15$

9 $3.3 \div 2 = 1.65$

10 $14.8 \div 8 = 1.85$

11 $5.8 \div 5 = 1.16$

12 $29.1 \div 6 = 4.85$

13 $43.6 \div 8 = 5.45$

14 $12.2 \div 5 = 2.44$

15 $8.6 \div 5 = 1.72$

16 $32.1 \div 15 = 2.14$

17 $16.2 \div 12 = 1.35$

18 $44.1 \div 14 = 3.15$

19 $42.4 \div 16 = 2.65$

20 $37.1 \div 14 = 2.65$

21 $5.4 \div 36 = 0.15$

22 $68.6 \div 28 = 2.45$

23 $174.6 \div 45 = 3.88$

---

4 소수점 아래 0을 내려 계산하는 (소수)÷(자연수)(3)

월 일

계산은 빠르고 정확하게!

걸린 시간	1~10분	10~15분	15~20분
맞은 개수	19~21개	15~18개	1~14개
평가	참 잘했어요.	잘했어요.	좀더 노력해요.

□ 안에 알맞은 수를 써넣으시오. (1~6)

1
```
      0.35
  6)2.10
    1 8
      3 0
      3 0
        0
```

2
```
      0.85
  4)3.40
    3 2
      2 0
      2 0
        0
```

3
```
      1.48
  5)7.40
    5
    2 4
    2 0
      4 0
      4 0
        0
```

4
```
      2.15
  6)12.90
    1 2
      9
      6
      3 0
      3 0
        0
```

5
```
      1.15
 14)16.10
    1 4
      2 1
      1 4
        7 0
        7 0
          0
```

6
```
      2.16
 15)32.40
    3 0
      2 4
      1 5
        9 0
        9 0
          0
```

계산을 하시오. (7~21)

7
```
    0.65
 4)2.6
```

8
```
    0.35
 8)2.8
```

9
```
    1.28
 5)6.4
```

10
```
    1.35
 6)8.1
```

11
```
    8.75
 2)17.5
```

12
```
    6.15
 4)24.6
```

13
```
    2.35
 8)18.8
```

14
```
    1.95
 4)7.8
```

15
```
    4.72
 5)23.6
```

16
```
     1.85
 12)22.2
```

17
```
     2.15
 18)38.7
```

18
```
     3.65
 14)51.1
```

19
```
     1.45
 22)31.9
```

20
```
     3.22
 25)80.5
```

21
```
      4.35
 38)165.3
```

정답

4 소수점 아래 0을 내려 계산하는 (소수)÷(자연수)(4)

 월 일

계산은 빠르고 정확하게!

걸린 시간	1~8분	8~12분	12~16분
맞은 개수	17~18개	13~16개	1~12개
평가	참 잘했어요.	잘했어요.	좀더 노력해요.

 빈 곳에 알맞은 수를 써넣으시오. (1~10)

1 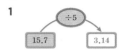 ÷5 : 15.7 → 3.14

2 ÷4 : 10.6 → 2.65

3  ÷6 : 36.9 → 6.15

4  ÷2 : 19.5 → 9.75

5  ÷8 : 58.8 → 7.35

6  ÷6 : 27.9 → 4.65

7  ÷12 : 46.2 → 3.85

8  ÷18 : 38.7 → 2.15

9 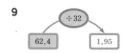 ÷32 : 62.4 → 1.95

10  ÷26 : 113.1 → 4.35

□ 안에 알맞은 수를 써넣으시오. (11~18)

11 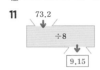 73.2 ÷8 → 9.15

12 49.5 ÷6 → 8.25

13 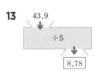 43.9 ÷5 → 8.78

14 39.4 ÷4 → 9.85

15  18.9 ÷14 → 1.35

16 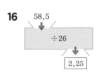 58.5 ÷26 → 2.25

17 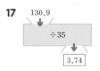 130.9 ÷35 → 3.74

18 123.3 ÷18 → 6.85

5 몫의 소수 첫째 자리에 0이 있는 (소수)÷(자연수)(1)

 월 일

계산은 빠르고 정확하게!

걸린 시간	1~5분	5~7분	7~10분
맞은 개수	13~14개	10~12개	1~9개
평가	참 잘했어요.	잘했어요.	좀더 노력해요.

방법① 분수의 나눗셈으로 고쳐서 계산합니다.

$3.15 \div 3 = \frac{315}{100} \div 3 = \frac{315 \div 3}{100} = \frac{105}{100} = 1.05$

방법② 나누어지는 수의 소수 첫째 자리 숫자가 나누는 수보다 작은 경우에는 몫의 소수 첫째 자리에 0을 쓰고 다음 자리의 수를 내려서 계산합니다.

$$3\overline{)3.15} \Rightarrow 3\overline{)3.15} \Rightarrow 3\overline{)3.15}$$

주어진 식을 이용하여 □ 안에 알맞은 수를 써넣으시오. (1~6)

1 816÷4=204
➡ 8.16÷4= 2.04

2 545÷5=109
➡ 5.45÷5= 1.09

3 2156÷7=308
➡ 21.56÷7= 3.08

4 1224÷6=204
➡ 12.24÷6= 2.04

5 2712÷3=904
➡ 27.12÷3= 9.04

6 4056÷8=507
➡ 40.56÷8= 5.07

□ 안에 알맞은 수를 써넣으시오. (7~14)

7 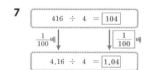 416 ÷ 4 = 104 → 4.16 ÷ 4 = 1.04

8 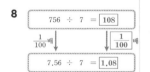 756 ÷ 7 = 108 → 7.56 ÷ 7 = 1.08

9 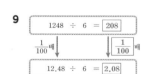 1248 ÷ 6 = 208 → 12.48 ÷ 6 = 2.08

10 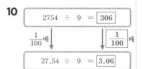 2754 ÷ 9 = 306 → 27.54 ÷ 9 = 3.06

11 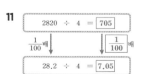 2820 ÷ 4 = 705 → 28.2 ÷ 4 = 7.05

12 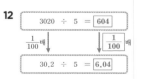 3020 ÷ 5 = 604 → 30.2 ÷ 5 = 6.04

13 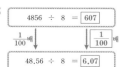 4856 ÷ 8 = 607 → 48.56 ÷ 8 = 6.07

14 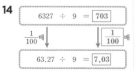 6327 ÷ 9 = 703 → 63.27 ÷ 9 = 7.03

5 몫의 소수 첫째 자리에 0이 있는 (소수)÷(자연수)(2)

월 일

계산은 빠르고 정확하게!

걸린 시간	1~8분	8~12분	12~16분
맞은 개수	21~23개	17~20개	1~16개
평가	참 잘했어요.	잘했어요.	좀더 노력해요.

□ 안에 알맞은 수를 써넣으시오. (1~7)

1 $18.16 \div 2 = \dfrac{\boxed{1816}}{100} \div 2 = \dfrac{\boxed{1816} \div 2}{100} = \dfrac{\boxed{908}}{100} = \boxed{9.08}$

2 $24.12 \div 6 = \dfrac{\boxed{2412}}{100} \div 6 = \dfrac{\boxed{2412} \div 6}{100} = \dfrac{\boxed{402}}{100} = \boxed{4.02}$

3 $21.63 \div 7 = \dfrac{\boxed{2163}}{100} \div 7 = \dfrac{\boxed{2163} \div 7}{100} = \dfrac{\boxed{309}}{100} = \boxed{3.09}$

4 $45.45 \div 9 = \dfrac{\boxed{4545}}{100} \div 9 = \dfrac{\boxed{4545} \div 9}{100} = \dfrac{\boxed{505}}{100} = \boxed{5.05}$

5 $35.4 \div 5 = \dfrac{\boxed{3540}}{100} \div 5 = \dfrac{\boxed{3540} \div 5}{100} = \dfrac{\boxed{708}}{100} = \boxed{7.08}$

6 $36.48 \div 12 = \dfrac{\boxed{3648}}{100} \div 12 = \dfrac{\boxed{3648} \div 12}{100} = \dfrac{\boxed{304}}{100} = \boxed{3.04}$

7 $61.05 \div 15 = \dfrac{\boxed{6105}}{100} \div 15 = \dfrac{\boxed{6105} \div 15}{100} = \dfrac{\boxed{407}}{100} = \boxed{4.07}$

계산을 하시오. (8~23)

8 $9.18 \div 3 = 3.06$

9 $6.12 \div 6 = 1.02$

10 $32.16 \div 8 = 4.02$

11 $21.42 \div 7 = 3.06$

12 $20.3 \div 5 = 4.06$

13 $36.3 \div 6 = 6.05$

14 $36.81 \div 9 = 4.09$

15 $36.12 \div 4 = 9.03$

16 $33.77 \div 11 = 3.07$

17 $52.13 \div 13 = 4.01$

18 $34.68 \div 17 = 2.04$

19 $43.68 \div 21 = 2.08$

20 $37.8 \div 36 = 1.05$

21 $51.5 \div 25 = 2.06$

22 $58.71 \div 19 = 3.09$

23 $97.68 \div 24 = 4.07$

5 몫의 소수 첫째 자리에 0이 있는 (소수)÷(자연수)(3)

월 일

계산은 빠르고 정확하게!

걸린 시간	1~6분	6~9분	9~12분
맞은 개수	19~21개	15~18개	1~14개
평가	참 잘했어요.	잘했어요.	좀더 노력해요.

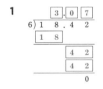

□ 안에 알맞은 수를 써넣으시오. (1~6)

1
```
      3 . 0 7
  6) 1 8 . 4 2
     1 8
         4 2
         4 2
          0
```

2
```
      5 . 0 8
  9) 4 5 . 7 2
     4 5
          7 2
          7 2
           0
```

3
```
      9 . 0 4
  3) 2 7 . 1 2
     2 7
          1 2
          1 2
           0
```

4
```
      6 . 0 7
  7) 4 2 . 4 9
     4 2
          4 9
          4 9
           0
```

5
```
        5 . 0 8
  13) 6 6 . 0 4
      6 5
          1 0 4
          1 0 4
             0
```

6
```
        4 . 0 8
  17) 6 9 . 3 6
      6 8
          1 3 6
          1 3 6
             0
```

계산을 하시오. (7~21)

7
```
     8.04
  2)16.08
```

8
```
     5.09
  4)20.36
```

9
```
     2.03
  9)18.27
```

10
```
     8.05
  8)64.4
```

11
```
     7.08
  5)35.4
```

12
```
     7.05
  4)28.2
```

13
```
      4.03
  11)44.33
```

14
```
      6.02
  12)72.24
```

15
```
      3.04
  15)45.6
```

16
```
      4.01
  22)88.22
```

17
```
       5.04
  31)156.24
```

18
```
      6.05
  27)163.35
```

19
```
      1.09
  36)39.24
```

20
```
      5.08
  17)86.36
```

21
```
      5.07
  15)76.05
```

5 몫의 소수 첫째 자리에 0이 있는 (소수)÷(자연수)(4)

학습 날짜 월 일

계산은 빠르고 정확하게!

걸린 시간	1~6분	6~9분	9~12분
맞은 개수	17~18개	13~16개	1~12개
평가	참 잘했어요.	잘했어요.	좀더 노력해요.

빈 곳에 알맞은 수를 써넣으시오. (1~10)

1
8.2 ÷4 2.05

2
42.18 ÷6 7.03

3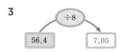
56.4 ÷8 7.05

4
16.2 ÷4 4.05

5
10.4 ÷5 2.08

6
36.24 ÷4 9.06

7
48.6 ÷12 4.05

8
14.84 ÷14 1.06

9
86.02 ÷17 5.06

10
76.19 ÷19 4.01

□ 안에 알맞은 수를 써넣으시오. (11~18)

11 10.15 ÷5 2.03

12 8.24 ÷4 2.06

13 96.4 ÷8 12.05

14 99.63 ÷9 11.07

15 69.02 ÷17 4.06

16 78.52 ÷13 6.04

17 72.6 ÷12 6.05

18 113.26 ÷14 8.09

6 (자연수)÷(자연수)(1)

학습 날짜 월 일

계산은 빠르고 정확하게!

걸린 시간	1~5분	5~8분	8~10분
맞은 개수	13~14개	10~12개	1~9개
평가	참 잘했어요.	잘했어요.	좀더 노력해요.

방법 ① 분수로 고쳐서 계산합니다.

$$5 \div 4 = \frac{5}{4} = \frac{5 \times 25}{4 \times 25} = \frac{125}{100} = 1.25$$

방법 ② 나누어지는 수의 소수 끝자리 아래에 0이 계속 있는 것으로 생각하여 계산합니다.

$$\begin{array}{r} 1 \\ 4\overline{)5} \\ \underline{4} \\ 1 \end{array} \Rightarrow \begin{array}{r} 1.2 \\ 4\overline{)5.0} \\ \underline{4} \\ 1\,0 \\ \underline{8} \\ 2 \end{array} \Rightarrow \begin{array}{r} 1.25 \\ 4\overline{)5.00} \\ \underline{4} \\ 1\,0 \\ \underline{8} \\ 2\,0 \\ \underline{2\,0} \\ 0 \end{array}$$

주어진 식을 이용하여 □ 안에 알맞은 수를 써넣으시오. (1~6)

1 170÷2=85
→ 17÷2= 8.5

2 370÷5=74
→ 37÷5= 7.4

3 2100÷4=525
→ 21÷4= 5.25

4 2200÷8=275
→ 22÷8= 2.75

5 3900÷12=325
→ 39÷12= 3.25

6 810÷18=45
→ 81÷18= 4.5

□ 안에 알맞은 수를 써넣으시오. (7~14)

7 190 ÷ 2 = 95
$\frac{1}{10}$배 ↓ ↓ $\frac{1}{10}$배
19 ÷ 2 = 9.5

8 340 ÷ 5 = 68
$\frac{1}{10}$배 ↓ ↓ $\frac{1}{10}$배
34 ÷ 5 = 6.8

9 420 ÷ 12 = 35
$\frac{1}{10}$배 ↓ ↓ $\frac{1}{10}$배
42 ÷ 12 = 3.5

10 630 ÷ 15 = 42
$\frac{1}{10}$배 ↓ ↓ $\frac{1}{10}$배
63 ÷ 15 = 4.2

11 2900 ÷ 4 = 725
$\frac{1}{100}$배 ↓ ↓ $\frac{1}{100}$배
29 ÷ 4 = 7.25

12 3000 ÷ 8 = 375
$\frac{1}{100}$배 ↓ ↓ $\frac{1}{100}$배
30 ÷ 8 = 3.75

13 3600 ÷ 16 = 225
$\frac{1}{100}$배 ↓ ↓ $\frac{1}{100}$배
36 ÷ 16 = 2.25

14 11400 ÷ 24 = 475
$\frac{1}{100}$배 ↓ ↓ $\frac{1}{100}$배
114 ÷ 24 = 4.75

6 (자연수)÷(자연수)(2)

월 일

계산은 빠르고 정확하게!

걸린 시간	1~10분	10~15분	15~20분
맞은 개수	24~26개	19~23개	1~18개
평가	참 잘했어요.	잘했어요.	좀더 노력해요.

□ 안에 알맞은 수를 써넣으시오. (1~10)

1 $19 \div 2 = \dfrac{\boxed{19}}{2} = \dfrac{\boxed{19} \times 5}{2 \times 5}$

$= \dfrac{\boxed{95}}{10} = \boxed{9.5}$

2 $21 \div 5 = \dfrac{\boxed{21}}{5} = \dfrac{\boxed{21} \times 2}{5 \times 2}$

$= \dfrac{\boxed{42}}{10} = \boxed{4.2}$

3 $23 \div 5 = \dfrac{\boxed{23}}{5} = \dfrac{\boxed{23} \times 2}{5 \times 2}$

$= \dfrac{\boxed{46}}{10} = \boxed{4.6}$

4 $37 \div 4 = \dfrac{\boxed{37}}{4} = \dfrac{\boxed{37} \times 25}{4 \times 25}$

$= \dfrac{\boxed{925}}{100} = \boxed{9.25}$

5 $31 \div 5 = \dfrac{\boxed{31}}{5} = \dfrac{\boxed{31} \times 2}{5 \times 2}$

$= \dfrac{\boxed{62}}{10} = \boxed{6.2}$

6 $73 \div 4 = \dfrac{\boxed{73}}{4} = \dfrac{\boxed{73} \times 25}{4 \times 25}$

$= \dfrac{\boxed{1825}}{100} = \boxed{18.25}$

7 $25 \div 4 = \dfrac{\boxed{25}}{4} = \dfrac{\boxed{25} \times 25}{4 \times 25}$

$= \dfrac{\boxed{625}}{100} = \boxed{6.25}$

8 $35 \div 4 = \dfrac{\boxed{35}}{4} = \dfrac{\boxed{35} \times 25}{4 \times 25}$

$= \dfrac{\boxed{875}}{100} = \boxed{8.75}$

9 $27 \div 8 = \dfrac{\boxed{27}}{8} = \dfrac{\boxed{27} \times 125}{8 \times 125}$

$= \dfrac{\boxed{3375}}{1000} = \boxed{3.375}$

10 $33 \div 8 = \dfrac{\boxed{33}}{8} = \dfrac{\boxed{33} \times 125}{8 \times 125}$

$= \dfrac{\boxed{4125}}{1000} = \boxed{4.125}$

계산을 하시오. (11~26)

11 $15 \div 2 = 7.5$

12 $25 \div 2 = 12.5$

13 $37 \div 4 = 9.25$

14 $34 \div 5 = 6.8$

15 $26 \div 8 = 3.25$

16 $27 \div 6 = 4.5$

17 $21 \div 25 = 0.84$

18 $30 \div 8 = 3.75$

19 $60 \div 16 = 3.75$

20 $99 \div 18 = 5.5$

21 $63 \div 15 = 4.2$

22 $84 \div 24 = 3.5$

23 $154 \div 28 = 5.5$

24 $170 \div 25 = 6.8$

25 $82 \div 16 = 5.125$

26 $180 \div 32 = 5.625$

---

 6 (자연수)÷(자연수)(3)

월 일

계산은 빠르고 정확하게!

걸린 시간	1~8분	8~12분	12~16분
맞은 개수	19~21개	15~18개	1~14개
평가	참 잘했어요.	잘했어요.	좀더 노력해요.

□ 안에 알맞은 수를 써넣으시오. (1~6)

1
```
      5 . 5
2) 1 1 . 0
   1 0
   ─────
     1 0
     1 0
   ─────
       0
```

2
```
      8 . 2
5) 4 1 . 0
   4 0
   ─────
     1 0
     1 0
   ─────
       0
```

3
```
      2 . 2 5
4) 9 . 0 0
   8
   ─────
   1 0
     8
   ─────
     2 0
     2 0
   ─────
       0
```

4
```
        1 . 2 5
12) 1 5 . 0 0
    1 2
    ─────
      3 0
      2 4
    ─────
        6 0
        6 0
    ─────
          0
```

5
```
        0 . 3 7 5
16) 6 . 0 0 0
    4 8
    ─────
    1 2 0
    1 1 2
    ─────
        8 0
        8 0
    ─────
          0
```

6
```
        5 . 7 5
8) 4 6 . 0 0
   4 0
   ─────
     6 0
     5 6
   ─────
       4 0
       4 0
   ─────
         0
```

계산을 하시오. (7~21)

7 $2)\overline{9}$ → 4.5

8 $5)\overline{8}$ → 1.6

9 $8)\overline{11}$ → 1.375

10 $6)\overline{3}$ → 0.5

11 $20)\overline{9}$ → 0.45

12 $25)\overline{7}$ → 0.28

13 $12)\overline{15}$ → 1.25

14 $6)\overline{33}$ → 5.5

15 $6)\overline{27}$ → 4.5

16 $25)\overline{64}$ → 2.56

17 $16)\overline{72}$ → 4.5

18 $12)\overline{78}$ → 6.5

19 $8)\overline{17}$ → 2.125

20 $16)\overline{148}$ → 9.25

21 $24)\overline{117}$ → 4.875

정답

6 (자연수)÷(자연수)(4)

월 일

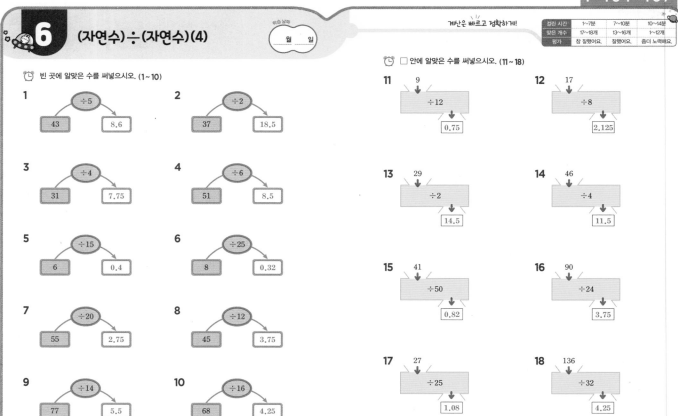

빈 곳에 알맞은 수를 써넣으시오. (1~10)

1 ÷5 : 43 → 8.6

2 ÷2 : 37 → 18.5

3 ÷4 : 31 → 7.75

4 ÷6 : 51 → 8.5

5 ÷15 : 6 → 0.4

6 ÷25 : 8 → 0.32

7 ÷20 : 55 → 2.75

8 ÷12 : 45 → 3.75

9 ÷14 : 77 → 5.5

10 ÷16 : 68 → 4.25

계산은 빠르고 정확하게!

걸린 시간	1~7분	7~10분	10~14분
맞은 개수	17~18개	13~16개	1~12개
평가	참 잘했어요	잘했어요	좀더 노력해요

□ 안에 알맞은 수를 써넣으시오. (11~18)

11 9 ÷12 → 0.75

12 17 ÷8 → 2.125

13 29 ÷2 → 14.5

14 46 ÷4 → 11.5

15 41 ÷50 → 0.82

16 90 ÷24 → 3.75

17 27 ÷25 → 1.08

18 136 ÷32 → 4.25

7 몫을 어림하기 (1)

월 일

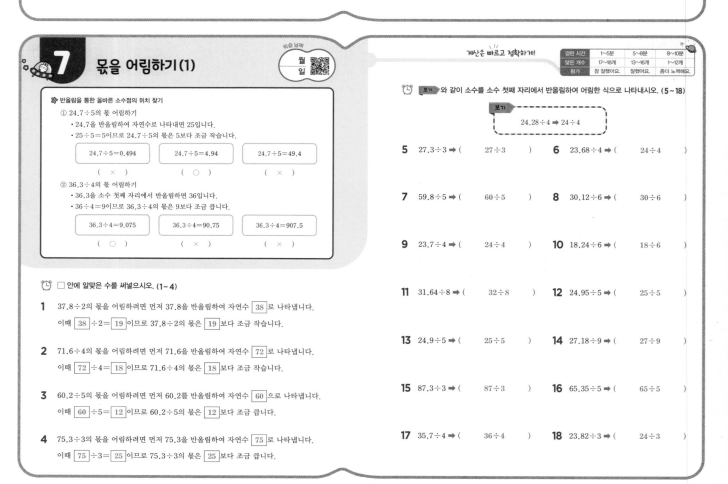

반올림을 통한 올바른 소수점의 위치 찾기

① 24.7÷5의 몫 어림하기
· 24.7을 반올림하여 자연수로 나타내면 25입니다.
· 25÷5=5이므로 24.7÷5의 몫은 5보다 조금 작습니다.

24.7÷5=0.494	24.7÷5=4.94	24.7÷5=49.4
(×)	(○)	(×)

② 36.3÷4의 몫 어림하기
· 36.3을 소수 첫째 자리에서 반올림하면 36입니다.
· 36÷4=9이므로 36.3÷4의 몫은 9보다 조금 큽니다.

36.3÷4=9.075	36.3÷4=90.75	36.3÷4=907.5
(○)	(×)	(×)

□ 안에 알맞은 수를 써넣으시오. (1~4)

1 37.8÷2의 몫을 어림하려면 먼저 37.8을 반올림하여 자연수 38 로 나타냅니다.
이때 38 ÷2= 19 이므로 37.8÷2의 몫은 19 보다 조금 작습니다.

2 71.6÷4의 몫을 어림하려면 먼저 71.6을 반올림하여 자연수 72 로 나타냅니다.
이때 72 ÷4= 18 이므로 71.6÷4의 몫은 18 보다 조금 작습니다.

3 60.2÷5의 몫을 어림하려면 먼저 60.2를 반올림하여 자연수 60 으로 나타냅니다.
이때 60 ÷5= 12 이므로 60.2÷5의 몫은 12 보다 조금 큽니다.

4 75.3÷3의 몫을 어림하려면 먼저 75.3을 반올림하여 자연수 75 로 나타냅니다.
이때 75 ÷3= 25 이므로 75.3÷3의 몫은 25 보다 조금 큽니다.

계산은 빠르고 정확하게!

걸린 시간	1~5분	5~8분	8~10분
맞은 개수	17~18개	13~16개	1~12개
평가	참 잘했어요	잘했어요	좀더 노력해요

보기 와 같이 소수를 소수 첫째 자리에서 반올림하여 어림한 식으로 나타내시오. (5~18)

보기
24.28÷4 ➡ 24÷4

5 27.3÷3 ➡ (27÷3)

6 23.68÷4 ➡ (24÷4)

7 59.8÷5 ➡ (60÷5)

8 30.12÷6 ➡ (30÷6)

9 23.7÷4 ➡ (24÷4)

10 18.24÷6 ➡ (18÷6)

11 31.64÷8 ➡ (32÷8)

12 24.95÷5 ➡ (25÷5)

13 24.9÷5 ➡ (25÷5)

14 27.18÷9 ➡ (27÷9)

15 87.3÷3 ➡ (87÷3)

16 65.35÷5 ➡ (65÷5)

17 35.7÷4 ➡ (36÷4)

18 23.82÷3 ➡ (24÷3)

7 몫을 어림하기(2)

학습 날짜 월 일

계산은 빠르고 정확하게!

걸린 시간	1~8분	8~12분	12~16분
맞은 개수	15~16개	13~14개	1~12개
평가	참 잘했어요.	잘했어요.	좀더 노력해요.

어림하여 몫의 소수점의 위치를 찾아 소수점을 찍어 보시오. (1~8)

1
19.4÷4
어림 19 ÷ 4 ➡ 약 5
몫 4□8□5

2
18.4÷5
어림 18 ÷ 5 ➡ 약 4
몫 3□6□8

3
13.7÷5
어림 14 ÷ 5 ➡ 약 3
몫 2□7□4

4
43.2÷4
어림 43 ÷ 4 ➡ 약 11
몫 1□0□8

5
11.72÷4
어림 12 ÷ 4 ➡ 약 3
몫 2□9□3

6
77.4÷6
어림 77 ÷ 6 ➡ 약 13
몫 1□2□9

7
129.6÷8
어림 130 ÷ 8 ➡ 약 16
몫 1□6□2

8
52.56÷9
어림 53 ÷ 9 ➡ 약 6
몫 5□8□4

어림하여 몫의 소수점의 위치를 찾아 소수점을 찍어 보시오. (9~16)

9
16.25÷2
어림 16 ÷ 2 ➡ 약 8
몫 8□1□2□5

10
17.85÷6
어림 18 ÷ 6 ➡ 약 3
몫 2□9□7□5

11
185.9÷5
어림 186 ÷ 5 ➡ 약 37
몫 3□7□1□8

12
49.8÷8
어림 50 ÷ 8 ➡ 약 6
몫 6□2□2□5

13
55.4÷4
어림 55 ÷ 4 ➡ 약 14
몫 1□3□8□5

14
75.74÷7
어림 76 ÷ 7 ➡ 약 11
몫 1□0□8□2

15
21.56÷8
어림 22 ÷ 8 ➡ 약 3
몫 2□6□9□5

16
98.1÷12
어림 98 ÷ 12 ➡ 약 8
몫 8□1□7□5

7 몫을 어림하기(3)

학습 날짜 월 일

계산은 빠르고 정확하게!

걸린 시간	1~5분	5~8분	8~10분
맞은 개수	15~16개	12~14개	1~11개
평가	참 잘했어요.	잘했어요.	좀더 노력해요.

몫을 어림해 보고 올바른 식을 찾아 ○표 하시오. (1~8)

1
31.4÷4=0.785 (　)
31.4÷4=7.85 (○)
31.4÷4=78.5 (　)
31.4÷4=785 (　)

2
70.8÷3=0.236 (　)
70.8÷3=2.36 (　)
70.8÷3=23.6 (○)
70.8÷3=236 (　)

3
36.3÷4=9.075 (○)
36.3÷4=90.75 (　)
36.3÷4=907.5 (　)
36.3÷4=9075 (　)

4
71.3÷5=1.426 (　)
71.3÷5=14.26 (○)
71.3÷5=142.6 (　)
71.3÷5=1426 (　)

5
106÷8=1.325 (　)
106÷8=13.25 (○)
106÷8=132.5 (　)
106÷8=1325 (　)

6
17.25÷6=2.875 (○)
17.25÷6=28.75 (　)
17.25÷6=287.5 (　)
17.25÷6=2875 (　)

7
617.5÷5=1.235 (　)
617.5÷5=12.35 (　)
617.5÷5=123.5 (○)
617.5÷5=1235 (　)

8
107.94÷7=1.542 (　)
107.94÷7=15.42 (○)
107.94÷7=154.2 (　)
107.94÷7=1542 (　)

몫을 어림해 보고 올바른 식을 찾아 ○표 하시오. (9~16)

9
48.6÷12=0.405 (　)
48.6÷12=4.05 (○)
48.6÷12=40.5 (　)
48.6÷12=405 (　)

10
28.7÷14=0.205 (　)
28.7÷14=2.05 (○)
28.7÷14=20.5 (　)
28.7÷14=205 (　)

11
170.1÷3=0.567 (　)
170.1÷3=5.67 (　)
170.1÷3=56.7 (○)
170.1÷3=567 (　)

12
4.928÷4=1.232 (○)
4.928÷4=12.32 (　)
4.928÷4=123.2 (　)
4.928÷4=1232 (　)

13
94.6÷4=2.365 (　)
94.6÷4=23.65 (○)
94.6÷4=236.5 (　)
94.6÷4=2365 (　)

14
21÷8=2.625 (○)
21÷8=26.25 (　)
21÷8=262.5 (　)
21÷8=2625 (　)

15
148.2÷12=1.235 (　)
148.2÷12=12.35 (○)
148.2÷12=123.5 (　)
148.2÷12=1235 (　)

16
660.8÷14=0.472 (　)
660.8÷14=4.72 (　)
660.8÷14=47.2 (○)
660.8÷14=472 (　)

8 신기한 연산

계산은 빠르고 정확하게!

걸린 시간	1~8분	8~12분	12~16분
맞은 개수	8개	6~7개	1~5개
평가	참 잘했어요.	잘했어요.	좀더 노력해요.

조건을 모두 만족하는 (소수)÷(자연수)를 만들어 계산하시오. (1~4)

1 조건
- 468÷2를 이용하여 풀 수 있습니다.
- 계산한 값이 468÷2의 $\frac{1}{10}$배입니다.

식 $46.8 \div 2 = 23.4$

답 23.4

2 조건
- 969÷3을 이용하여 풀 수 있습니다.
- 계산한 값이 969÷3의 $\frac{1}{10}$배입니다.

식 $96.9 \div 3 = 32.3$

답 32.3

3 조건
- 492÷4를 이용하여 풀 수 있습니다.
- 계산한 값이 492÷4의 $\frac{1}{100}$배입니다.

식 $4.92 \div 4 = 1.23$

답 1.23

4 조건
- 1092÷7을 이용하여 풀 수 있습니다.
- 계산한 값이 1092÷7의 $\frac{1}{100}$배입니다.

식 $10.92 \div 7 = 1.56$

답 1.56

다음 수직선에서 눈금 한 칸의 크기와 ㉠이 나타내는 소수를 각각 구하시오. (5~8)

5 4.5 ㉠ 5.6

(눈금 한 칸의 크기)=(5.6−4.5)÷10= 0.11

(㉠이 나타내는 소수)=4.5+ 0.11 ×6= 5.16

6 5.8 6.9

(눈금 한 칸의 크기)=(6.9− 5.8)÷5= 0.22

(㉠이 나타내는 소수)=5.8+ 0.22 ×3= 6.46

7 2.75 ㉠ 5.25

(눈금 한 칸의 크기)=(5.25− 2.75)÷ 5 = 0.5

(㉠이 나타내는 소수)=2.75+ 0.5 × 2 = 3.75

8 3.2 ㉠ 6.44

(눈금 한 칸의 크기)=(6.44 − 3.2)÷ 6 = 0.54

(㉠이 나타내는 소수)= 3.2 + 0.54 × 4 = 5.36

확인 평가

걸린 시간	1~15분	15~20분	20~25분
맞은 개수	37~41개	29~36개	1~28개
평가	참 잘했어요.	잘했어요.	좀더 노력해요.

□ 안에 알맞은 수를 써넣으시오. (1~2)

1
$2142 \div 6 = 357$
$214.2 \div 6 = 35.7$
$21.42 \div 6 = 3.57$
$2.142 \div 6 = 0.357$

2
$3852 \div 9 = 428$
$385.2 \div 9 = 42.8$
$38.52 \div 9 = 4.28$
$3.852 \div 9 = 0.428$

계산을 하시오. (3~14)

3 $112.14 \div 18 = 6.23$

4 $108.75 \div 15 = 7.25$

5 $63.48 \div 23 = 2.76$

6 $23.52 \div 24 = 0.98$

7 $23.68 \div 32 = 0.74$

8 $37.84 \div 43 = 0.88$

9 $9 \overline{)28.26} = 3.14$

10 $11 \overline{)46.75} = 4.25$

11 $16 \overline{)86.72} = 5.42$

12 $8 \overline{)4.48} = 0.56$

13 $13 \overline{)12.35} = 0.95$

14 $24 \overline{)16.08} = 0.67$

계산을 하시오. (15~29)

15 $10.7 \div 5 = 2.14$

16 $32.4 \div 8 = 4.05$

17 $46.8 \div 8 = 5.85$

18 $98.7 \div 14 = 7.05$

19 $72.3 \div 15 = 4.82$

20 $162.72 \div 18 = 9.04$

21 $6 \overline{)29.1} = 4.85$

22 $8 \overline{)47.6} = 5.95$

23 $5 \overline{)42.1} = 8.42$

24 $12 \overline{)43.8} = 3.65$

25 $18 \overline{)49.5} = 2.75$

26 $7 \overline{)42.28} = 6.04$

27 $8 \overline{)32.64} = 4.08$

28 $15 \overline{)45.15} = 3.01$

29 $12 \overline{)84.72} = 7.06$

확인 평가

계산을 하시오. (30 ~ 39)

30 $29 \div 2 = 14.5$

31 $87 \div 4 = 21.75$

32 $3 \div 8 = 0.375$

33 $18 \div 16 = 1.125$

34 $4\overline{)15} = 3.75$

35 $5\overline{)67} = 13.4$

36 $8\overline{)66} = 8.25$

37 $12\overline{)21} = 1.75$

38 $15\overline{)27} = 1.8$

39 $24\overline{)54} = 2.25$

어림하여 몫의 소수점의 위치를 찾아 소수점을 찍어 보시오. (40 ~ 41)

40 $38.912 \div 4$

어림 $39 \div 4$ ➡ 약 10

몫 $9\square7\square2\square8$

41 $398.7 \div 15$

어림 $399 \div 15$ ➡ 약 27

몫 $2\square6 \cdot 5\square8$

 크라운 온라인 평가 응시 방법

에듀왕닷컴 접속 www.eduwang.com
⊗
메인 상단 메뉴에서 단원평가 클릭
⊗
단계 및 단원 선택
⊗
온라인 단원평가 실시(30분 동안 평가 실시)
⊗
크라운 확인

🐰 각 단원평가를 통해 100점을 받으시면 크라운 1개를 드리며, 획득하신 크라운으로 에듀왕 닷컴에서 판매하고 있는 교재 및 서비스를 무료로 구매하실 수 있습니다.

(크라운 1개 – 1000원)

---

③ 직육면체의 부피와 겉넓이

 1 직육면체의 부피 비교하기 (1)

학습 날짜
월
일

🛸 **부피를 직접 비교하기**

가 나

(가의 가로)>(나의 가로)
(가의 세로)<(나의 세로)
(가의 높이)>(나의 높이)

➡ 가로, 세로, 높이는 직접 비교할 수 있지만 부피는 직접 비교할 수 없습니다.

🛸 **임의 단위로 부피 비교하기**

가로, 세로, 높이가 다른 두 직육면체의 부피는 직접 비교할 수 없으므로 크기가 같은 작은 상자들을 직육면체에 담아 작은 상자의 수를 세어 부피를 비교합니다.

🛸 **쌓기나무를 이용하여 부피 비교하기**

가 나

가의 쌓기나무의 개수 : 8개
나의 쌓기나무의 개수 : 12개

➡ 크기가 같은 쌓기나무의 개수가 많을수록 부피가 더 큽니다.
따라서 나의 부피가 더 큽니다.

그림을 보고 □ 안에 알맞은 수를 써넣으시오. (1~3)

 가 나

7 cm
5 cm 5 cm
1 cm
1 cm 1 cm
9 cm
3 cm 7 cm

1 가 상자에는 쌓기나무를 175 개까지 넣을 수 있습니다.

2 나 상자에는 쌓기나무를 189 개까지 넣을 수 있습니다.

3 가 상자와 나 상자 중에서 $나$ 상자에 쌓기나무를 더 많이 넣을 수 있습니다.

 계산은 빠르고 정확하게!

걸린 시간	1~4분	4~6분	6~8분
맞은 개수	10~11개	8~9개	1~7개
평가	참 잘했어요	잘했어요	좀더 노력해요

부피가 더 큰 직육면체의 기호를 쓰시오. (4 ~ 11)

4 가 나

5 cm
8 cm 7 cm
6 cm
8 cm 7 cm

(나)

5 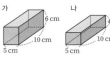 가 나

6 cm
5 cm 10 cm
4 cm
5 cm 10 cm

(가)

6 가 나

8 cm
3 cm 3 cm
7 cm
3 cm 3 cm

(가)

7 가 나

10 cm
7 cm 5 cm
13 cm
7 cm 5 cm

(나)

8 가 나

6 cm
6 cm 6 cm
6 cm
5 cm 6 cm

(가)

9 가 나

8 cm
7 cm 6 cm
8 cm
10 cm 6 cm

(나)

10 가 나

10 cm
5 cm 6 cm
10 cm
8 cm 4 cm

(나)

11 가 나

7 cm
7 cm 7 cm
7 cm
8 cm 6 cm

(가)

1 직육면체의 부피 비교하기(2)

월 일

걸린 시간	1~6분	6~9분	9~12분
맞은 개수	9~10개	7~8개	1~6개
평가	참 잘했어요.	잘했어요.	좀더 노력해요.

⏰ 쌓기나무의 수를 비교하여 부피가 더 큰 직육면체의 기호를 쓰시오. (1~4)

1 가 나
가의 쌓기나무 수: 8 개
나의 쌓기나무 수: 12 개
부피가 더 큰 직육면체: 나

2 가 나
가의 쌓기나무 수: 27 개
나의 쌓기나무 수: 18 개
부피가 더 큰 직육면체: 가

3 가 나
가의 쌓기나무 수: 24 개
나의 쌓기나무 수: 18 개
부피가 더 큰 직육면체: 가

4 가 나
가의 쌓기나무 수: 24 개
나의 쌓기나무 수: 27 개
부피가 더 큰 직육면체: 나

⏰ 부피가 더 큰 직육면체의 기호를 쓰시오. (5~8)

5 가 나
(가)

6 가 나
(나)

7 가 나
(나)

8 가 나
(가)

⏰ 부피가 가장 큰 것부터 차례로 기호를 쓰시오. (9~10)

9 가 나 다
(가, 다, 나)

10 가 나 다
(가, 나, 다)

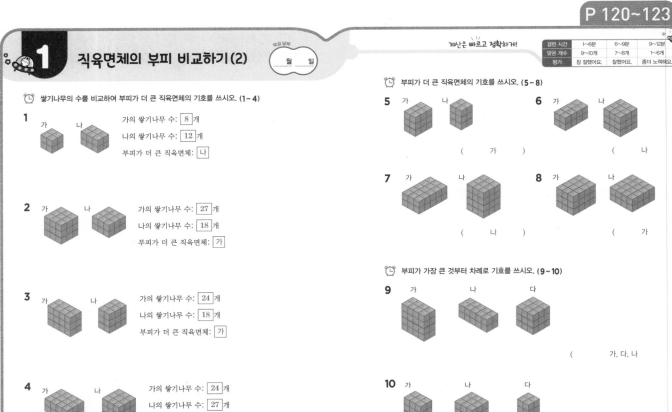

---

2 부피의 단위(cm³) 알아보기(1)

월 일

걸린 시간	1~4분	4~6분	6~8분
맞은 개수	8개	6~7개	1~5개
평가	참 잘했어요.	잘했어요.	좀더 노력해요.

부피를 나타낼 때 한 모서리의 길이가 1 cm인 정육면체의 부피를 사용할 수 있습니다.
이 정육면체의 부피를 1 cm³라 쓰고, 1 세제곱센티미터라고 읽습니다.

1 cm 1 cm 1 cm

$$1\,cm^3$$

⏰ 쌓기나무로 직육면체를 만들었습니다. □ 안에 알맞은 수를 써넣으시오. (1~4)

1
밑면에 놓인 쌓기나무: 10 개
높이: 3 층
사용된 쌓기나무: 30 개

2
밑면에 놓인 쌓기나무: 12 개
높이: 4 층
사용된 쌓기나무: 48 개

3
밑면에 놓인 쌓기나무: 15 개
높이: 4 층
사용된 쌓기나무: 60 개

4
밑면에 놓인 쌓기나무: 16 개
높이: 3 층
사용된 쌓기나무: 48 개

⏰ 부피가 1 cm³인 쌓기나무를 쌓아 직육면체를 만들었습니다. 물음에 답하시오. (5~8)

5
(1) 사용된 쌓기나무의 수는 몇 개입니까?
(36개)
(2) 직육면체의 부피는 몇 cm³입니까?
(36 cm³)

6
(1) 사용된 쌓기나무의 수는 몇 개입니까?
(45개)
(2) 직육면체의 부피는 몇 cm³입니까?
(45 cm³)

7
(1) 사용된 쌓기나무의 수는 몇 개입니까?
(64개)
(2) 직육면체의 부피는 몇 cm³입니까?
(64 cm³)

8
(1) 사용된 쌓기나무의 수는 몇 개입니까?
(80개)
(2) 직육면체의 부피는 몇 cm³입니까?
(80 cm³)

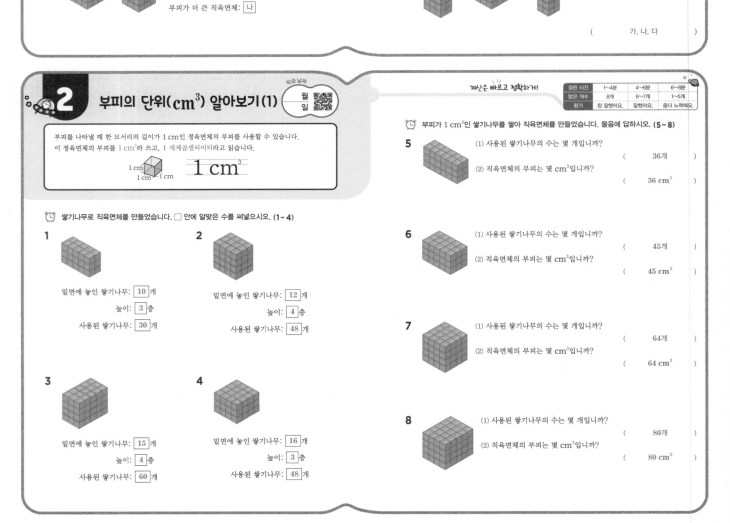

2 부피의 단위(cm³) 알아보기(2)

월 일

계산은 빠르고 정확하게!

걸린 시간	1~6분	6~9분	9~12분
맞은 개수	13~14개	10~12개	1~9개
평가	참 잘했어요.	잘했어요.	좀더 노력해요.

🕐 부피가 1 cm³인 쌓기나무를 쌓아 만든 직육면체입니다. 쌓기나무의 수와 부피를 각각 구하시오. (1~6)

🕐 부피가 1 cm³인 쌓기나무를 쌓아 만든 직육면체의 부피를 구하시오. (7~14)

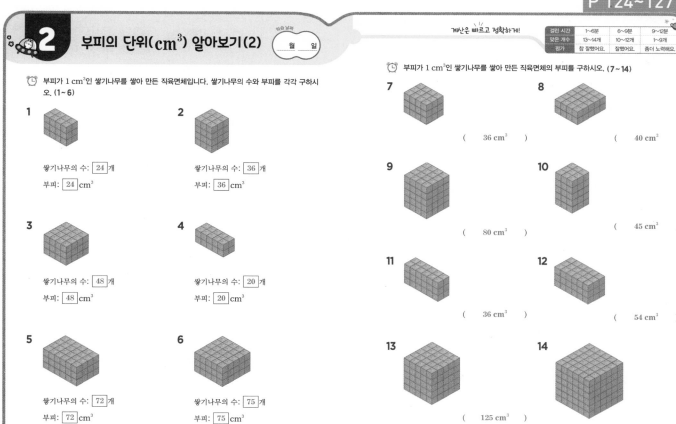

1

쌓기나무의 수: 24 개

부피: 24 cm³

2

쌓기나무의 수: 36 개

부피: 36 cm³

3

쌓기나무의 수: 48 개

부피: 48 cm³

4

쌓기나무의 수: 20 개

부피: 20 cm³

5

쌓기나무의 수: 72 개

부피: 72 cm³

6

쌓기나무의 수: 75 개

부피: 75 cm³

7

(36 cm³)

8

(40 cm³)

9

(80 cm³)

10

(45 cm³)

11

(36 cm³)

12

(54 cm³)

13

(125 cm³)

14

(216 cm³)

3 직육면체의 부피(1)

월 일

(직육면체의 부피)=(한 밑면의 넓이)×(높이)

=(가로)×(세로)×(높이)

=4×3×5=60(cm³)

(직육면체의 부피)=(가로)×(세로)×(높이)

🕐 한 밑면의 넓이와 높이가 주어진 직육면체의 부피를 구하시오. (4~11)

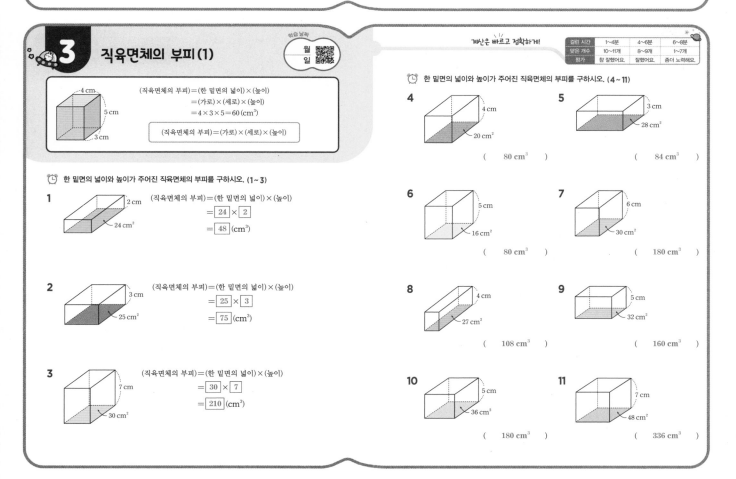

🕐 한 밑면의 넓이와 높이가 주어진 직육면체의 부피를 구하시오. (1~3)

1

(직육면체의 부피)=(한 밑면의 넓이)×(높이)

= 24 × 2

= 48 (cm³)

2

(직육면체의 부피)=(한 밑면의 넓이)×(높이)

= 25 × 3

= 75 (cm³)

3

(직육면체의 부피)=(한 밑면의 넓이)×(높이)

= 30 × 7

= 210 (cm³)

4

(80 cm³)

5

(84 cm³)

6

(80 cm³)

7

(180 cm³)

8

(108 cm³)

9

(160 cm³)

10

(180 cm³)

11

(336 cm³)

3 직육면체의 부피(2)

월 일

계산은 빠르고 정확하게!

걸린 시간	1~5분	5~8분	8~10분
맞은 개수	11~12개	9~10개	1~8개
평가	참 잘했어요.	잘했어요.	좀더 노력해요.

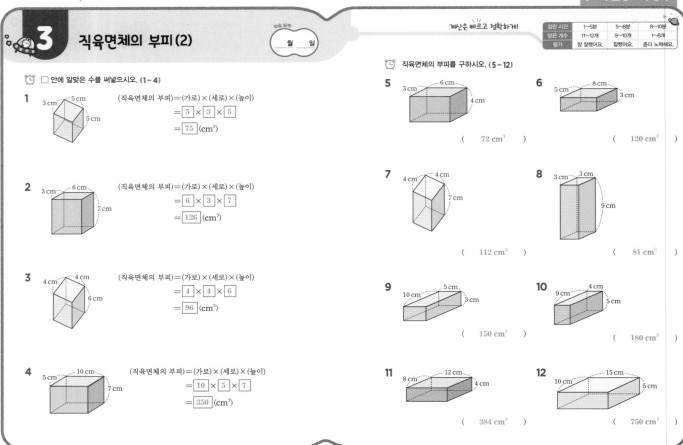

□ 안에 알맞은 수를 써넣으시오. (1~4)

1
3 cm 5 cm 5 cm
(직육면체의 부피)=(가로)×(세로)×(높이)
= 5 × 3 × 5
= 75 (cm³)

2
3 cm 6 cm 7 cm
(직육면체의 부피)=(가로)×(세로)×(높이)
= 6 × 3 × 7
= 126 (cm³)

3
4 cm 4 cm 6 cm
(직육면체의 부피)=(가로)×(세로)×(높이)
= 4 × 4 × 6
= 96 (cm³)

4
5 cm 10 cm 7 cm
(직육면체의 부피)=(가로)×(세로)×(높이)
= 10 × 5 × 7
= 350 (cm³)

직육면체의 부피를 구하시오. (5~12)

5 3 cm 6 cm 4 cm
(72 cm³)

6 5 cm 8 cm 3 cm
(120 cm³)

7 4 cm 4 cm 7 cm
(112 cm³)

8 3 cm 3 cm 9 cm
(81 cm³)

9 10 cm 5 cm 3 cm
(150 cm³)

10 9 cm 4 cm 5 cm
(180 cm³)

11 8 cm 12 cm 4 cm
(384 cm³)

12 10 cm 15 cm 5 cm
(750 cm³)

3 직육면체의 부피(3)

월 일

계산은 빠르고 정확하게!

걸린 시간	1~4분	4~6분	6~8분
맞은 개수	11~12개	9~10개	1~8개
평가	참 잘했어요.	잘했어요.	좀더 노력해요.

주어진 직육면체의 부피를 구하시오. (1~6)

1 한 밑면의 넓이가 21 cm²이고, 높이가 5 cm인 직육면체
(105 cm³)

2 한 밑면의 넓이가 25 cm²이고, 높이가 4 cm인 직육면체
(100 cm³)

3 한 밑면의 넓이가 30 cm²이고, 높이가 7 cm인 직육면체
(210 cm³)

4 한 밑면의 넓이가 36 cm²이고, 높이가 4 cm인 직육면체
(144 cm³)

5 한 밑면의 넓이가 42 cm²이고, 높이가 5 cm인 직육면체
(210 cm³)

6 한 밑면의 넓이가 49 cm²이고, 높이가 6 cm인 직육면체
(294 cm³)

주어진 직육면체의 부피를 구하시오. (7~12)

7 가로가 9 cm, 세로가 2 cm, 높이가 4 cm인 직육면체
(72 cm³)

8 가로가 7 cm, 세로가 4 cm, 높이가 5 cm인 직육면체
(140 cm³)

9 가로가 8 cm, 세로가 7 cm, 높이가 5 cm인 직육면체
(280 cm³)

10 가로가 8 cm, 세로가 9 cm, 높이가 7 cm인 직육면체
(504 cm³)

11 가로가 10 cm, 세로가 4 cm, 높이가 6 cm인 직육면체
(240 cm³)

12 가로가 15 cm, 세로가 8 cm, 높이가 4 cm인 직육면체
(480 cm³)

3 직육면체의 부피 (4)

월 일

전개도를 접었을 때 만들어지는 직육면체의 부피를 구하시오. (1~4)

1

(한 밑면의 넓이)＝ 5 × 3 ＝ 15 (cm²)

(부피)＝ 15 × 4 ＝ 60 (cm³)

2

(한 밑면의 넓이)＝ 6 × 2 ＝ 12 (cm²)

(부피)＝ 12 × 5 ＝ 60 (cm³)

3

(한 밑면의 넓이)＝ 8 × 4 ＝ 32 (cm²)

(부피)＝ 32 × 3 ＝ 96 (cm³)

4

(한 밑면의 넓이)＝ 6 × 3 ＝ 18 (cm²)

(부피)＝ 18 × 4 ＝ 72 (cm³)

걸린 시간	1~5분	5~8분	8~10분
맞은 개수	11~12개	9~10개	1~8개
평가	참 잘했어요.	잘했어요.	좀더 노력해요.

전개도를 접었을 때 만들어지는 직육면체의 부피를 구하시오. (5~12)

5
(40 cm³)

6
(24 cm³)

7
(140 cm³)

8
(105 cm³)

9
(160 cm³)

10
(75 cm³)

11
(224 cm³)

12
(300 cm³)

4 정육면체의 부피 (1)

월 일

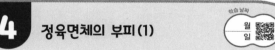

(정육면체의 부피)＝(한 밑면의 넓이)×(높이)
＝(가로)×(세로)×(높이)
＝(한 모서리의 길이)×(한 모서리의 길이)
×(한 모서리의 길이)
＝3×3×3＝27 (cm³)

(정육면체의 부피)＝(한 모서리의 길이)×(한 모서리의 길이)×(한 모서리의 길이)

□ 안에 알맞은 수를 써넣으시오. (1~3)

1

(한 밑면의 넓이)＝ 2 × 2 ＝ 4 (cm²)

(부피)＝ 4 × 2 ＝ 8 (cm³)

2

(한 밑면의 넓이)＝ 4 × 4 ＝ 16 (cm²)

(부피)＝ 16 × 4 ＝ 64 (cm³)

3

(한 밑면의 넓이)＝ 6 × 6 ＝ 36 (cm²)

(부피)＝ 36 × 6 ＝ 216 (cm³)

걸린 시간	1~4분	4~6분	6~8분
맞은 개수	8개	6~7개	1~5개
평가	참 잘했어요.	잘했어요.	좀더 노력해요.

□ 안에 알맞은 수를 써넣으시오. (4~8)

4

(정육면체의 부피)
＝(한 모서리의 길이)×(한 모서리의 길이)×(한 모서리의 길이)
＝ 5 × 5 × 5 ＝ 125 (cm³)

5

(정육면체의 부피)＝ 8 × 8 × 8
＝ 512 (cm³)

6

(정육면체의 부피)＝ 7 × 7 × 7
＝ 343 (cm³)

7

(정육면체의 부피)＝ 9 × 9 × 9
＝ 729 (cm³)

8

(정육면체의 부피)＝ 10 × 10 × 10
＝ 1000 (cm³)

4 정육면체의 부피 (2)

학습 날짜   월   일

계산은 빠르고 정확하게!

걸린 시간	1~6분	6~9분	9~12분
맞은 개수	13~14개	10~12개	1~9개
평가	참 잘했어요.	잘했어요.	좀더 노력해요.

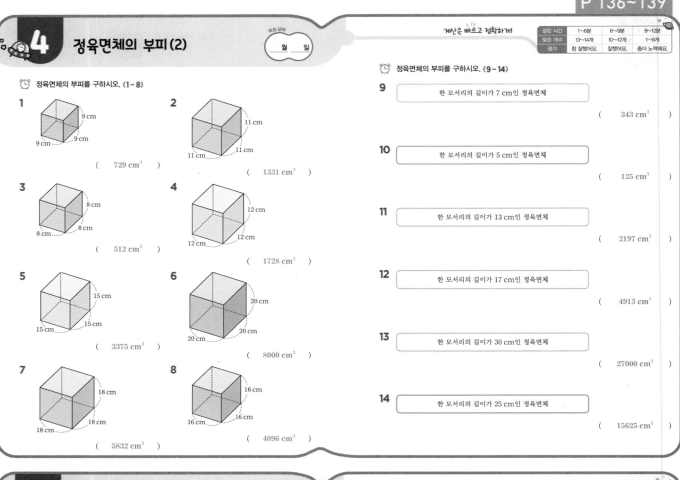

정육면체의 부피를 구하시오. (1~8)

1 9 cm, 9 cm, 9 cm
(729 cm³)

2 11 cm, 11 cm, 11 cm
(1331 cm³)

3 8 cm, 8 cm, 8 cm
(512 cm³)

4 12 cm, 12 cm, 12 cm
(1728 cm³)

5 15 cm, 15 cm, 15 cm
(3375 cm³)

6 20 cm, 20 cm, 20 cm
(8000 cm³)

7 18 cm, 18 cm, 18 cm
(5832 cm³)

8 16 cm, 16 cm, 16 cm
(4096 cm³)

정육면체의 부피를 구하시오. (9~14)

9 한 모서리의 길이가 7 cm인 정육면체
(343 cm³)

10 한 모서리의 길이가 5 cm인 정육면체
(125 cm³)

11 한 모서리의 길이가 13 cm인 정육면체
(2197 cm³)

12 한 모서리의 길이가 17 cm인 정육면체
(4913 cm³)

13 한 모서리의 길이가 30 cm인 정육면체
(27000 cm³)

14 한 모서리의 길이가 25 cm인 정육면체
(15625 cm³)

4 정육면체의 부피 (3)

학습 날짜   월   일

계산은 빠르고 정확하게!

걸린 시간	1~6분	6~9분	9~12분
맞은 개수	11~12개	9~10개	1~8개
평가	참 잘했어요.	잘했어요.	좀더 노력해요.

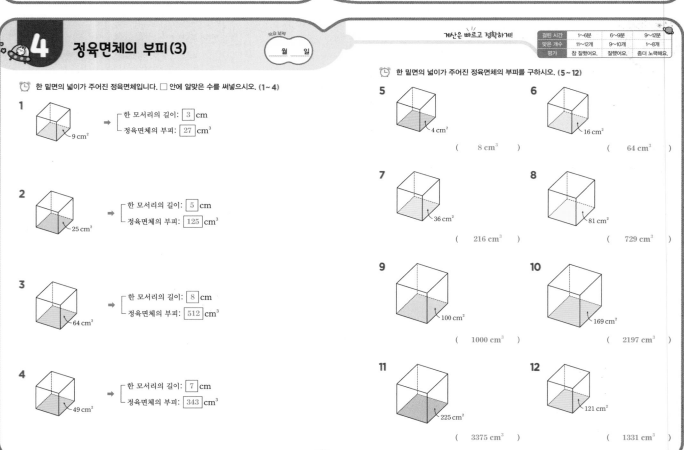

한 밑면의 넓이가 주어진 정육면체입니다. □ 안에 알맞은 수를 써넣으시오. (1~4)

1 9 cm²
→ 한 모서리의 길이: 3 cm
정육면체의 부피: 27 cm³

2 25 cm²
→ 한 모서리의 길이: 5 cm
정육면체의 부피: 125 cm³

3 64 cm²
→ 한 모서리의 길이: 8 cm
정육면체의 부피: 512 cm³

4 49 cm²
→ 한 모서리의 길이: 7 cm
정육면체의 부피: 343 cm³

한 밑면의 넓이가 주어진 정육면체의 부피를 구하시오. (5~12)

5 4 cm²
(8 cm³)

6 16 cm²
(64 cm³)

7 36 cm²
(216 cm³)

8 81 cm²
(729 cm³)

9 100 cm²
(1000 cm³)

10 169 cm²
(2197 cm³)

11 225 cm²
(3375 cm³)

12 121 cm²
(1331 cm³)

4 정육면체의 부피 (4)

학습 날짜
월 일

정육면체의 전개도입니다. 전개도를 접었을 때 만들어지는 정육면체의 부피를 구하시오. (1~4)

계산은 빠르고 정확하게!

걸린 시간	1~6분	6~9분	9~12분
맞은 개수	11~12개	9~10개	1~8개
평가	참 잘했어요	잘했어요	좀더 노력해요

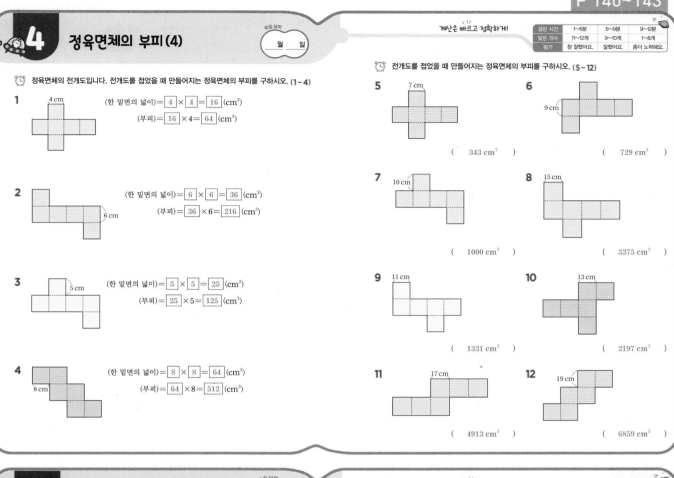

1 4 cm

(한 밑면의 넓이)= 4 × 4 = 16 (cm²)

(부피)= 16 ×4= 64 (cm³)

2

(한 밑면의 넓이)= 6 × 6 = 36 (cm²)

(부피)= 36 ×6= 216 (cm³)

6 cm

3 5 cm

(한 밑면의 넓이)= 5 × 5 = 25 (cm²)

(부피)= 25 ×5= 125 (cm³)

4

(한 밑면의 넓이)= 8 × 8 = 64 (cm²)

(부피)= 64 ×8= 512 (cm³)

8 cm

전개도를 접었을 때 만들어지는 정육면체의 부피를 구하시오. (5~12)

5 7 cm

(343 cm³)

6 9 cm

(729 cm³)

7 10 cm

(1000 cm³)

8 15 cm

(3375 cm³)

9 11 cm

(1331 cm³)

10 13 cm

(2197 cm³)

11 17 cm

(4913 cm³)

12 19 cm

(6859 cm³)

5 부피의 단위 (m³) 알아보기 (1)

학습 날짜
월 일

계산은 빠르고 정확하게!

걸린 시간	1~4분	4~6분	6~8분
맞은 개수	8개	6~7개	1~5개
평가	참 잘했어요	잘했어요	좀더 노력해요

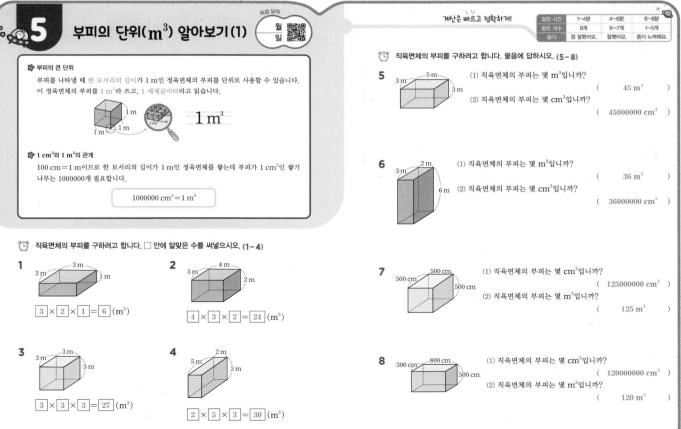

부피의 큰 단위

부피를 나타낼 때 한 모서리의 길이가 1 m인 정육면체의 부피를 단위로 사용할 수 있습니다. 이 정육면체의 부피를 1 m³라 쓰고, 1 세제곱미터라고 읽습니다.

1 m
1 m
1 m
1 cm

1 m^3

1 cm³와 1 m³의 관계

100 cm=1 m이므로 한 모서리의 길이가 1 m인 정육면체를 쌓는데 부피가 1 cm³인 쌓기나무는 1000000개 필요합니다.

$$1000000 \text{ cm}^3 = 1 \text{ m}^3$$

직육면체의 부피를 구하려고 합니다. □ 안에 알맞은 수를 써넣으시오. (1~4)

1 2 m, 3 m, 1 m

3 × 2 × 1 = 6 (m³)

2 3 m, 4 m, 2 m

4 × 3 × 2 = 24 (m³)

3 3 m, 3 m, 3 m

3 × 3 × 3 = 27 (m³)

4 5 m, 2 m, 3 m

2 × 5 × 3 = 30 (m³)

직육면체의 부피를 구하려고 합니다. 물음에 답하시오. (5~8)

5 3 m, 5 m, 3 m

(1) 직육면체의 부피는 몇 m³입니까?

(45 m³)

(2) 직육면체의 부피는 몇 cm³입니까?

(45000000 cm³)

6 3 m, 2 m, 6 m

(1) 직육면체의 부피는 몇 m³입니까?

(36 m³)

(2) 직육면체의 부피는 몇 cm³입니까?

(36000000 cm³)

7 500 cm, 500 cm, 500 cm

(1) 직육면체의 부피는 몇 cm³입니까?

(125000000 cm³)

(2) 직육면체의 부피는 몇 m³입니까?

(125 m³)

8 300 cm, 800 cm, 500 cm

(1) 직육면체의 부피는 몇 cm³입니까?

(120000000 cm³)

(2) 직육면체의 부피는 몇 m³입니까?

(120 m³)

5 부피의 단위(m³) 알아보기 (2)

□ 안에 알맞은 수를 써넣으시오. (1~4)

1
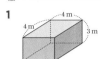 =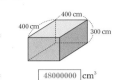

48 m³ = 48000000 cm³

2
 =

216 m³ = 216000000 cm³

3
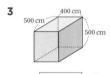 =

100000000 cm³ = 100 m³

4
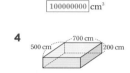 =

70000000 cm³ = 70 m³

□ 안에 알맞은 수를 써넣으시오. (5~18)

5 8 m³ = 8000000 cm³   **6** 4000000 cm³ = 4 m³

7 5 m³ = 5000000 cm³   **8** 7000000 cm³ = 7 m³

9 12 m³ = 12000000 cm³   **10** 38000000 cm³ = 38 m³

11 28 m³ = 28000000 cm³   **12** 16000000 cm³ = 16 m³

13 47 m³ = 47000000 cm³   **14** 59000000 cm³ = 59 m³

15 0.7 m³ = 700000 cm³   **16** 850000 cm³ = 0.85 m³

17 2.6 m³ = 2600000 cm³   **18** 4200000 cm³ = 4.2 m³

6 직육면체의 겉넓이 (1)

직육면체의 겉넓이
- 직육면체에서 여섯 면의 넓이의 합을 직육면체의 겉넓이라고 합니다.
- 직육면체의 겉넓이 구하기

① (여섯 면의 넓이의 합)
  $=4\times2+4\times2+4\times3+4\times3+2\times3+2\times3=52(cm^2)$
② (한 꼭짓점에서 만나는 세 면의 넓이의 합)×2
  $=(4\times2+4\times3+2\times3)\times2=52(cm^2)$
③ (한 밑면의 넓이)×2+(옆면의 넓이)
  (밑면의 가로)×(밑면의 세로)   (한 밑면의 둘레)×(높이)
  $=4\times2\times2+(4+2+4+2)\times3=52(cm^2)$

오른쪽 직육면체의 겉넓이를 여러 가지 방법으로 구하려고 합니다. □ 안에 알맞은 수를 써넣으시오. (1~4)

1 (㉠의 넓이)$=6\times 4 = 24\ (cm^2)$
  (㉡의 넓이)$=6\times 3 = 18\ (cm^2)$
  (㉢의 넓이)$=4\times 3 = 12\ (cm^2)$

2 (겉넓이)=(여섯 면의 넓이의 합)
  $= 24 + 24 + 18 + 18 + 12 + 12 = 108\ (cm^2)$

3 (겉넓이)=(한 꼭짓점에서 만나는 세 면의 넓이의 합)×2
  $=(24 + 18 + 12)\times2= 108\ (cm^2)$

4 (겉넓이)=(한 밑면의 넓이)×2+(옆면의 넓이)
  $=(6\times 4)\times2+(6+4+ 6 + 4)\times 3 = 108\ (cm^2)$

□ 안에 알맞은 수를 써넣으시오. (5~8)

5

(겉넓이)$=(7\times 5 + 7 \times4+5\times 4)\times2$
  $=(35 + 28 + 20)\times2$
  $= 166\ (cm^2)$

6

(겉넓이)$=(5\times 5 + 5 \times8+5\times 8)\times2$
  $=(25 + 40 + 40)\times2$
  $= 210\ (cm^2)$

7
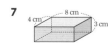
(겉넓이)$=(8\times 4)\times2+(8+4+ 8 + 4)\times 3$
  $= 64 + 72$
  $= 136\ (cm^2)$

8
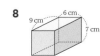
(겉넓이)$=(9\times 6)\times2+(9+6+ 9 + 6)\times 7$
  $= 108 + 210$
  $= 318\ (cm^2)$

6 직육면체의 겉넓이 (2)

계산은 빠르고 정확하게!

걸린 시간	1~10분	10~15분	15~20분
맞은 개수	13~14개	10~12개	1~9개
평가	참 잘했어요.	잘했어요.	좀더 노력해요.

직육면체의 겉넓이를 구하시오. (1~8)

직육면체의 겉넓이를 구하시오. (9~14)

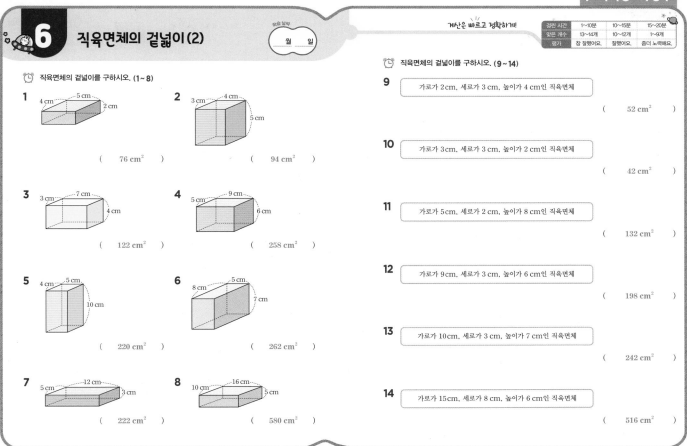

1 (76 cm²)

2 (94 cm²)

3 (122 cm²)

4 (258 cm²)

5 (220 cm²)

6 (262 cm²)

7 (222 cm²)

8 (580 cm²)

9 가로가 2 cm, 세로가 3 cm, 높이가 4 cm인 직육면체

(52 cm²)

10 가로가 3 cm, 세로가 3 cm, 높이가 2 cm인 직육면체

(42 cm²)

11 가로가 5 cm, 세로가 2 cm, 높이가 8 cm인 직육면체

(132 cm²)

12 가로가 9 cm, 세로가 3 cm, 높이가 6 cm인 직육면체

(198 cm²)

13 가로가 10 cm, 세로가 3 cm, 높이가 7 cm인 직육면체

(242 cm²)

14 가로가 15 cm, 세로가 8 cm, 높이가 6 cm인 직육면체

(516 cm²)

---

6 직육면체의 겉넓이 (3)

계산은 빠르고 정확하게!

걸린 시간	1~8분	8~12분	12~16분
맞은 개수	11~12개	9~10개	1~8개
평가	참 잘했어요.	잘했어요.	좀더 노력해요.

전개도를 접었을 때 만들어지는 직육면체의 겉넓이를 구하시오. (1~4)

전개도를 접었을 때 만들어지는 직육면체의 겉넓이를 구하시오. (5~12)

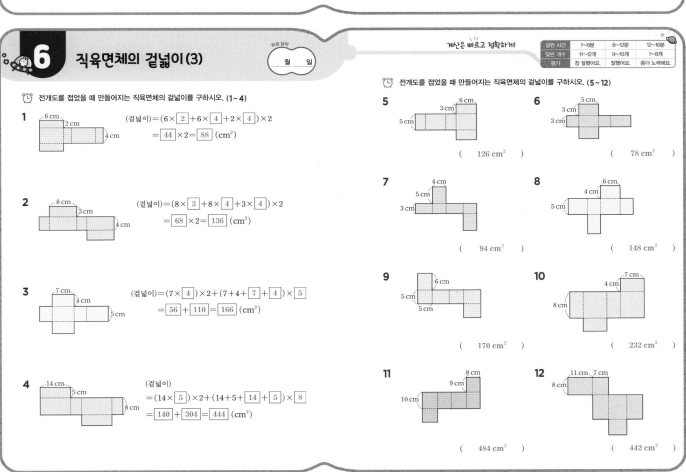

1 (겉넓이)=(6× 2 +6× 4 +2× 4)×2
= 44 ×2= 88 (cm²)

2 (겉넓이)=(8× 3 +8× 4 +3× 4)×2
= 68 ×2= 136 (cm²)

3 (겉넓이)=(7× 4)×2+(7+4+ 7 + 4)× 5
= 56 + 110 = 166 (cm²)

4 (겉넓이)
=(14× 5)×2+(14+5+ 14 + 5)× 8
= 140 + 304 = 444 (cm²)

5 (126 cm²)

6 (78 cm²)

7 (94 cm²)

8 (148 cm²)

9 (170 cm²)

10 (232 cm²)

11 (484 cm²)

12 (442 cm²)

7 정육면체의 겉넓이(1)

정육면체는 6개의 면이 모두 합동이므로 겉넓이는 한 면의 넓이의 6배입니다.
(정육면체의 겉넓이)=(한 면의 넓이)×6
=4×4×6=96(cm²)

🕐 □ 안에 알맞은 수를 써넣으시오. (1~3)

1
(한 밑면의 넓이)= 2 × 2 = 4 (cm²)
(겉넓이)= 4 ×6= 24 (cm²)

2
(한 밑면의 넓이)= 3 × 3 = 9 (cm²)
(겉넓이)= 9 ×6= 54 (cm²)

3
(한 밑면의 넓이)= 6 × 6 = 36 (cm²)
(겉넓이)= 36 ×6= 216 (cm²)

🕐 □ 안에 알맞은 수를 써넣으시오. (4~7)

4
(정육면체의 겉넓이)=(한 밑면의 넓이)× 6
= 5 × 5 × 6
= 150 (cm²)

5
(정육면체의 겉넓이)=(한 밑면의 넓이)× 6
= 8 × 8 × 6
= 384 (cm²)

6
(정육면체의 겉넓이)=(한 밑면의 넓이)× 6
= 10 × 10 × 6
= 600 (cm²)

7
(정육면체의 겉넓이)=(한 밑면의 넓이)× 6
= 15 × 15 × 6
= 1350 (cm²)

7 정육면체의 겉넓이(2)

🕐 정육면체의 겉넓이를 구하시오. (1~8)

1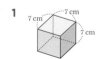
(294 cm²)

2
(486 cm²)

3
(726 cm²)

4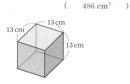
(1014 cm²)

5
(1944 cm²)

6
(1176 cm²)

7
(2400 cm²)

8
(2166 cm²)

계산은 빠르고 정확하게!

걸린 시간	1~6분	6~9분	9~12분
맞은 개수	13~14개	10~12개	1~9개
평가	참 잘했어요.	잘했어요.	좀더 노력해요.

🕐 정육면체의 겉넓이를 구하시오. (9~14)

9 한 모서리의 길이가 6 cm인 정육면체
(216 cm²)

10 한 모서리의 길이가 8 cm인 정육면체
(384 cm²)

11 한 모서리의 길이가 12 cm인 정육면체
(864 cm²)

12 한 모서리의 길이가 17 cm인 정육면체
(1734 cm²)

13 한 모서리의 길이가 22 cm인 정육면체
(2904 cm²)

14 한 모서리의 길이가 30 cm인 정육면체
(5400 cm²)

7 정육면체의 겉넓이 (3)

월 일

걸린 시간	1~6분	6~9분	9~12분
맞은 개수	11~12개	9~10개	1~8개
평가	참 잘했어요.	잘했어요.	좀더 노력해요.

정육면체의 전개도입니다. 주어진 전개도를 접었을 때 만들어지는 정육면체의 겉넓이를 구하시오. (1~4)

1 7 cm
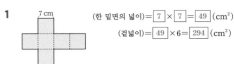
(한 밑면의 넓이)= 7 × 7 = 49 (cm²)
(겉넓이)= 49 ×6= 294 (cm²)

2 5 cm
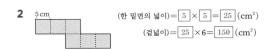
(한 밑면의 넓이)= 5 × 5 = 25 (cm²)
(겉넓이)= 25 ×6= 150 (cm²)

3 8 cm
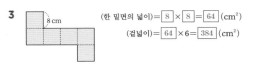
(한 밑면의 넓이)= 8 × 8 = 64 (cm²)
(겉넓이)= 64 ×6= 384 (cm²)

4 10 cm
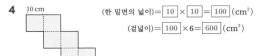
(한 밑면의 넓이)= 10 × 10 = 100 (cm²)
(겉넓이)= 100 ×6= 600 (cm²)

정육면체의 전개도입니다. 주어진 전개도를 접었을 때 만들어지는 정육면체의 겉넓이를 구하시오. (5~12)

5 3 cm  (54 cm²)
6 6 cm (216 cm²)
7 4 cm 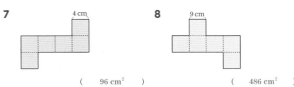 (96 cm²)
8 9 cm (486 cm²)
9 12 cm 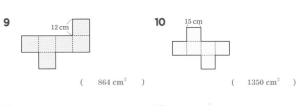 (864 cm²)
10 15 cm (1350 cm²)
11 18 cm 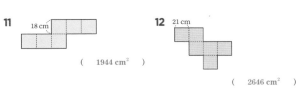 (1944 cm²)
12 21 cm (2646 cm²)

8 신기한 연산

월 일

걸린 시간	1~8분	8~12분	12~16분
맞은 개수	8개	6~7개	1~5개
평가	참 잘했어요.	잘했어요.	좀더 노력해요.

다음은 직육면체를 위와 옆에서 본 모양입니다. 이 직육면체의 부피와 겉넓이를 각각 구하시오. (1~4)

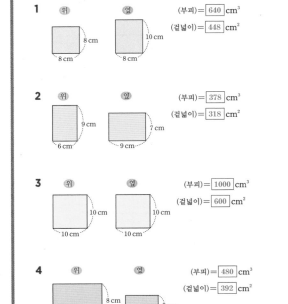

1 (부피)= 640 cm³ (겉넓이)= 448 cm²
2 (부피)= 378 cm³ (겉넓이)= 318 cm²
3 (부피)= 1000 cm³ (겉넓이)= 600 cm²
4 (부피)= 480 cm³ (겉넓이)= 392 cm²

안치수가 왼쪽 그림과 같은 직육면체 모양의 상자에 오른쪽 정육면체 모양의 물건을 몇 개까지 넣을 수 있는지 구하시오. (5~8)

5 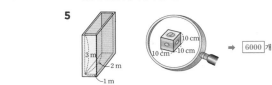 ⇒ 6000 개
6 ⇒ 1500 개
7  ⇒ 1000 개
8 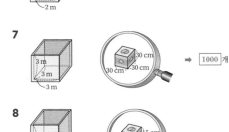 ⇒ 16000 개

정답

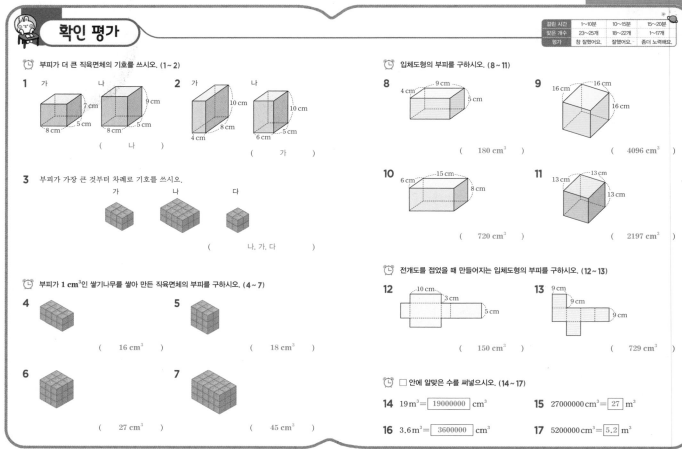

확인 평가

걸린 시간	1~10분	10~15분	15~20분
맞은 개수	23~25개	18~22개	1~17개
평가	참 잘했어요.	잘했어요.	좀더 노력해요

부피가 더 큰 직육면체의 기호를 쓰시오. (1~2)

1 가 나
7 cm 8 cm 5 cm / 9 cm 8 cm 5 cm
(나)

2 가 나
10 cm 4 cm 8 cm / 10 cm 6 cm 5 cm
(가)

3 부피가 가장 큰 것부터 차례로 기호를 쓰시오.
가   나   다
(나, 가, 다)

부피가 1 cm³인 쌓기나무를 쌓아 만든 직육면체의 부피를 구하시오. (4~7)

4 (16 cm³)

5 (18 cm³)

6 (27 cm³)

7 (45 cm³)

입체도형의 부피를 구하시오. (8~11)

8 4 cm 9 cm 5 cm
(180 cm³)

9 16 cm 16 cm 16 cm
(4096 cm³)

10 6 cm 15 cm 8 cm
(720 cm³)

11 13 cm 13 cm 13 cm
(2197 cm³)

전개도를 접었을 때 만들어지는 입체도형의 부피를 구하시오. (12~13)

12 10 cm 3 cm 5 cm
(150 cm³)

13 9 cm 9 cm 9 cm
(729 cm³)

□ 안에 알맞은 수를 써넣으시오. (14~17)

14 19 m³ = ⎡19000000⎤ cm³

15 27000000 cm³ = ⎡27⎤ m³

16 3.6 m³ = ⎡3600000⎤ cm³

17 5200000 cm³ = ⎡5.2⎤ m³

확인 평가

입체도형의 겉넓이를 구하시오. (18~21)

18 5 cm 10 cm 7 cm
(310 cm²)

19 8 cm 8 cm 8 cm
(384 cm²)

20 9 cm 11 cm 15 cm
(798 cm²)

21 17 cm 17 cm 17 cm
(1734 cm²)

전개도를 접었을 때 만들어지는 입체도형의 겉넓이를 구하시오. (22~25)

22 12 cm 4 cm 6 cm
(288 cm²)

23 11 cm 11 cm 11 cm
(726 cm²)

24 15 cm 6 cm 5 cm
(390 cm²)

25 18 cm 18 cm 18 cm
(1944 cm²)

👑 크라운 온라인 평가 응시 방법

에듀왕닷컴 접속 www.eduwang.com
⊻
메인 상단 메뉴에서 단원평가 클릭
⊻
단계 및 단원 선택
⊻
온라인 단원평가 실시(30분 동안 평가 실시)
⊻
크라운 확인

각 단원평가를 통해 100점을 받으시면 크라운 1개를 드리며, 획득하신 크라운으로 에듀왕 닷컴에서 판매하고 있는 교재 및 서비스를 무료로 구매하실 수 있습니다.
(크라운 1개 – 1000원)

초등 수학의 기본은 연산력!!

신기한 연산왕

F-1 초6 수준 정답